CATALOGUE

DES

PLANTES CELLULAIRES

DU DÉPARTEMENT DE LA MEURTHE;

PAR LE Dr GODRON,

PROFESSEUR D'HISTOIRE NATURELLE A L'ÉCOLE PRÉPARATOIRE DE MÉDECINE DE NANCY.

Extrait de la *Statistique du département de la Meurthe*, publiée par HENRI LEPAGE.

NANCY,

IMPRIMERIE DE J. TROUP, PASSAGE DU CASINO.

1843.

CATALOGUE

DES

PLANTES CELLULAIRES

DU DÉPARTEMENT DE LA MEURTHE;

PAR LE Dr GODRON,

PROFESSEUR D'HISTOIRE NATURELLE A L'ÉCOLE PRÉPARATOIRE DE MÉDECINE DE NANCY.

Extrait de la *Statistique du département de la Meurthe*, publiée par HENRI LEPAGE.

NANCY,

IMPRIMERIE DE J. TROUP, PASSAGE DU CASINO.

1843.

CATALOGUE

DES PLANTES CELLULAIRES

DU DÉPARTEMENT DE LA MEURTHE.

MOUSSES.

Phascum

muticum Schreb. Lieux sablonneux : Nancy (Bois de Tomblaine).

serratum Schreb. Nancy (bois de Tomblaine).

cuspidatum Schreb. Commun dans les lieux cultivés.

subulatum Huds. Com. dans les bois humides.

crispum Hedw. Nancy (bois de Boudonville).

bryoides Dicks. Nancy (vignes de Malzéville, Montaigu, bois de Boudonville).

alternifolium Dicks. Nancy (champs de luzerne à Saulxures et à Heillecourt).

axillare Dicks. Nancy (bois de Tomblaine).

patens Hedw. Lieux humides. Nancy (étang Saint-Jean, canal de Marne au Rhin, Bellefontaine).

Gymnostomum

ovatum Hedw. Com. Vignes, vieux murs.

minutulum Schwœgr. Lieux humides. Nancy (Bellefontaine).

truncatulum Hedw. Champs et bois à sol argileux : Nancy (la Malgrange, Tomblaine, etc.).

intermedium Turn. Champs sablonneux : Nancy (Montaigu, Tomblaine).

aquaticum Hoffm. Nancy (ruisseau de Bouxières-aux-Dames).

sphœricum Schwægr. Lieux humides : Lunéville.

pyriforme Hedw. Lieux humides : Nancy (Vandœuvre, Montaigu, Fonds de Toul), Sarrebourg.

fasciculare Hedw. Bords des fossés : Lunéville.

Sphagnum

cymbifolium Ehrh.

α. *genuinum*. Lieux marécageux des bois : Lunéville (forêt de Mondon), Saint-Quirin.

β. *minor*. Lieux tourbeux : Nancy (Montaigu).

squarrosum Pers. Lieux marécageux : Lunéville (forêt de Mondon).

capillifolium Ehrh. Lieux marécageux : Rosières-aux-Salines, Sarrebourg.

Diphyscium

foliosum Web. et Mohr. Rosières-aux-Salines (bois de Morteau).

Encalypta

vulgaris Hedw. Com. sur les coteaux calcaires, au bord des chemins, sur les places à charbon.

streptocarpa Hedw. Sur les rochers

calcaires : Nancy (Fonds de Toul, carrière de Balin, Malzéville).

Grimmia

apocarpa Hedw. Com. sur les rochers calcaires, sur les murs.

crinita Brid. Com. sur les murs autour de Nancy.

africana Arn. Nancy (vieux murs à Bonsecours, côte de Toul; rochers calcaires à Malzéville).

pulvinata Sm. Com. sur les murs et les rochers.

Weissia

pusilla Hedw. Sur les rochers calc. : Nancy (fonds de Toul, vallon de Maxéville, Liverdun).

starkeana Roth. Champs : Nancy (Nabécor).

lanceolata Brid. Com. sur la terre, sur le calc. jur. : Nancy (Vignes de Malzéville, de Ludres; bois de Boudonville et de Liverdun).

verticillata Schwægr. Sur le tuf calcaire à Liverdun.

controversa Hedw. Com. dans les bois du calc. jur. et du lias.

cirrhata Hedw. Sur les rochers : Nancy (Fonds de Toul).

curvirostra Hedw. Sur les rochers du calc. jur. : Nancy (Fonds de Toul, Maxéville, Liverdun).

Dicranum

viridulum Sm. Sur la terre dans les bois : Nancy (Tomblaine, Maxéville).

bryoides Turn. Sur les pierres dans les bois humides : Nancy (Fonds de Toul, Maxéville).

taxifolium Sw. Nancy (vallons humides de la forêt de Haie).

adianthoides Sw. Com. Marais, rochers humides : Nancy (Montaigu, Fonds de Toul, Maxéville, Liverdun).

scoparium Leyss. Com. dans les bois.

polysetum Brid. Nancy (bois de Tomblaine, Fonds de Toul).

heteromallum Hedw. Nancy (bois de Tomblaine); Lunéville (forêt de Mondon); Sarrebourg (Harreberg).

varium Hedw. Chemins creux des bois : Nancy (Maxéville, forêt de Haie, Liverdun).

rufescens Sm. Nancy (forêt de Haie).

cerviculatum Hedw. Lieux tourbeux : Lunéville (étang de Spada).

glaucum Hedw. Bois humides : Nancy (Tomblaine); Rosières-aux Salines (bois de Morteau).

Leucodon

sciuroides Schwægr. Com. sur les troncs d'arbres.

Trichostomum

pallidum Hedw. Sur la terre dans les bois : Nancy (Tomblaine, Maxéville).

canescens Timm. Com. sur les coteaux calcaires.

ericoides Schrad. Com. sur les coteaux calcaires.

Ceratodon

purpureus Brid. Com. dans les bois, surtout autour des troncs d'arbres pourris.

Didymodon

homomallus Hedw. Chemins creux des bois : Sarrebourg.

flexicaulis Schwægr. Com. sur les coteaux calcaires, mais fructifie rarement.

longirostris Schwægr. Nancy (sur les troncs d'aulnes pourris à l'étang de Champigneules).

rigidulus Hedw. Sur le tuf calcaire à Liverdun.

BARBULA

rigida Schultz. Murs, rochers : Nancy (Malzéville, Boudonville, côte de Toul, Fonds de Toul, Liverdun).

ambigua Bruch et Schimp. Nancy (mêmes lieux que le précédent).

aloides Bruch et Schimp. Nancy : (mêmes lieux que les précédents).

gracilis Schwægr. Coteaux calcaires : Nancy (Boudonville, Malzéville).

muralis Timm. Com. sur les murs et les rochers.

æstiva Schultz. Sur les murs exposés à l'ombre : Nancy.

fallax Hedw. Bois du calc. jur. sur la terre : Nancy.

unguiculata Hedw. Avec le précédent.

cuspidata Brid. Champs sablonneux : Nancy (Nabécor).

convoluta Hedw. Sur la terre dans les bois du calc. jur. : Nancy (forêt de Haie vers les Fonds de Toul).

revoluta Schrad. Vieux murs : Nancy (la Malgrange, côte de Toul, Liverdun).

hornschuchiana Schultz. Vieux murs : Nancy (vignes de Malzéville).

tortuosa Schwægr. Rochers du calc. jur.: Nancy (Maxéville, Croix-Gagnée, Fonds de Toul); Pont-à-Mousson.

SYNTRICHIA

subulata Web. et Mohr. Bords des chemins dans les bois : Nancy (Maxéville, Fonds de Toul, Saulxures).

ruralis Brid. Com. sur les vieux murs.

lævipila Brid. Sur les troncs d'arbres : Nancy.

latifolia Bruch. Sur la terre! : Nancy (route de Toul).

POLYTRICHUM

undulatum Hedw. Com. dans les bois sur la terre.

pumilum Sw. Bois sablonneux : Nancy (bois de Tomblaine, de Till).

aloides Hedw. Bois humides, sur la terre : Nancy (Tomblaine); Sarrebourg (Rehthal, Schneeberg).

urnigerum L. Bois; Sarrebourg (Niedervillers, Saint-Léon).

piliferum Schreb. Bois, sur la terre : Nancy (Tomblaine, Fonds de Toul), Dabo, Pont-à-Mousson.

alpestre Hopp. Sarrebourg (Schneeberg).

formosum Hopp. Bois sablonneux : Nancy (Tomblaine), Sarrebourg.

commune L. Avec le précédent.

FONTINALIS

antipyretica L. Com. dans les ruisseaux.

ORTHOTRICHUM

pumilum Sw. Sur les troncs des saules, des peupliers, des tilleuls : Nancy.

fallax Bruch. Sur les troncs des peupliers : Nancy.

obtusifolium Schrad. Sur les troncs des peupliers et des saules : Nancy (Tomblaine, Heillecourt).

affine Schrad. Com. sur les troncs d'arbres.

patens Bruch. Sur les troncs des saules et des peupliers : Nancy (Tomblaine, Heillecourt).

fastigiatum Bruch. Sur le tronc des peupliers : Nancy (Tomblaine).

tenellum Bruch. Sur le tronc des saules et des peupliers : Nancy (Tomblaine, Heillecourt).

speciosum Nées. Sur les troncs d'arbres dans les bois et les vergers.

Ludwigii Brid. Sur les troncs d'arbres : Nancy (Fonds de Toul).

crispum Hedw. Sur les troncs d'arbres dans les bois : Nancy (Maxéville, Tomblaine, Fonds de Toul).

crispulum Hornsch. avec le précédent.

coarctatum Pal. Beauv. Sur les troncs d'arbres : Nancy (Fonds de Toul).

leiocarpum Bruch et Schimp. Com. sur les troncs d'arbres.

diaphanum Schrad. Com. sur les saules, les peupliers, les tilleuls, les ormes.

Lyellii Hook. Sur les troncs de chêne dans les bois.

anomalum Hedw. Com. sur les murs et les rochers ; plus rare sur les troncs d'arbres.

NECKERA

crispa Hedw. Rochers et troncs d'arbres : Nancy (Boudonville, Fonds de Toul, Liverdun), Pont-à-Mousson, Sarrebourg.

curtipendula Willd. Com. dans les bois sur les troncs d'arbres.

viticulosa Leyss. Com. dans les bois sur les rochers et au pied des arbres.

heteromalla Hedw. Très-rare : Nancy (sur un chêne à Malzéville).

POHLIA

elongata Hedw. Rare ; bois : Nancy (forêt de Haie).

LESKEA

complanata Timm. Com. sur les troncs d'arbres.

trichomanoides Leyss. Com. dans les bois du calc. jur. au pied des arbres.

sericea Hedw. Com. dans les bois.

polycarpa Ehrh. Au pied des saules et des peupliers : Nancy.

attenuata Timm. Au pied des arbres dans les bois du calc. jur.

BARTRAMIA

fontana Sw. Lieux marécageux : Nancy (Montaigu, Liverdun), Sarrebourg (Schneeberg).

ithyphylla Brid. Sarrebourg (Rehthal).

MEESIA

longiseta Sw. Lieux tourbeux : Nancy (Fonds de Toul).

CLIMACIUM

dendroides Web. et Morh. Prés tourbeux : Nancy (Montaigu, Fonds de Toul), Pont-à-Mousson, Rosières aux-Salines, Sarrebourg.

HYPNUM

Conferva Schwægr. Sur les pierres dans les bois du calc. jur. : Nancy (Fonds de Toul, Champigneules, Liverdun).

murale Hedw. Com. au pied des murs humides.

Schreberi Willd. Bois humides : Nancy (Tomblaine); Sarrebourg.

cuspidatum L. Lieux tourbeux : Nancy

(Fonds de Toul, étang de Champigneules).

purum L. Com.; prés, bois.

alopecurum L. Bois : Nancy (Fonds de Toul, Liverdun); Pont-à-Mousson.

myurum Poll. Com. dans les bois du calc. jur.

abietinum L. Com. dans les lieux arides. Ne fructifie pas chez nous.

tamariscinum Hedw. Com. dans les bois.

delicatulum Willd. Bois montagneux : Nancy, Sarrebourg.

splendens Hedw. Bois montagneux : Nancy, Sarrebourg.

serpens L. Com. au pied des arbres.

velutinum L. Au pied des arbres : Nancy.

intricatum Hedw. Bois du calc. jur. : Nancy.

populeum Hedw. Bois du calc. jur., au pied des arbres : Nancy.

lutescens Huds. Com. ; bois, prés, coteaux calcaires.

silesiacum Pal. Beauv. Rosières-aux-Salines (bois de Morteau).

prælongum L. Com. sur la terre dans les bois.

longirostrum Ehrh. Bois sur la terre : Nancy (Maxéville, Fonds de Toul); Sarrebourg (Rehthal).

brerirostre Ehrh. Avec le précédent.

rutabulum L. Com. au pied des arbres et sur les rochers.

triquetrum L. Com.; bois sur la terre.

rusciforme Weis. Bords des ruisseaux : Nancy (Boudonville, étang Saint-Jean, Bouxières-aux-Dames, Liverdun).

riparium L. Bords des ruisseaux : Lunéville.

sylvaticum L. Bois : Nancy.

cupressiforme L. Com. au pied des arbres.

fluitans L. Marais, étangs : Nancy (étang de Champigneules).

fluviatile Sw. Sur les pierres dans les ruisseaux : Nancy (Fonds de Toul).

uncinatum Hedw. Marais : Nancy (Fonds de Toul).

palustre L. Bords des ruisseaux: Nancy (Fonds de Toul).

rugosum Ehrh. Coteaux calcaires : Nancy.

squarrosum L. Com. dans les lieux tourbeux : Nancy.

chrysophyllum Brid. Sur les pierres dans les bois du calc. jur. : Nancy, Pont-à-Mousson.

commutatum Hedw. Lieux humides : Nancy (Fonds de Toul, Bouxières-aux-Dames, Liverdun) ; Pont-à-Mousson.

filicinum L. Bords des ruisseaux : Nancy (Fonds de Toul).

molluscum Hedw. Au pied des arbres et sur les rochers dans les bois du calc. jur. : Nancy.

BRYUM

argenteum L. Com.; murs couverts de terre, places à charbon.

atropurpureum Web. et Morh. Très rare : Nancy (Bois de Malzéville).

cæspiticium L. Commun.

capillare L. Com. sur la terre dans les bois du calc. jur.

nutans Schreb. Nancy (bois de Bosserville).

pyriforme Sw. Lieux humides : Nancy (Fonds de Toul).

annotinum Hedw. Bois humides : Nancy (Tomblaine, Fonds de Toul).

pseudotriquetrum Brid. Marais : Nancy (Fonds de Toul, Liverdun).

bimum Schreb. Avec le précédent.

punctatum Schreb. Lieux humides des bois: Nancy (Fonds de Toul); Pont-à-Mousson ; Sarrebourg.

rostratum Schrad. Bois, sur la terre : Nancy (forêt de Haie, Liverdun).

Wahlenbergii Schwægr. Très-rare : Nancy (près d'une fontaine à Malzéville).

affine Brid. Lieux tourbeux : Nancy (Tomblaine, Montaigu).

crudum Schreb. Bois : Phalsbourg.

hornum Schreb. Sarrebourg (Saint-Léon, Rehthal).

ligulatum Schreb. Vallées humides des bois : Nancy (Fonds de Toul, Liverdun); Pont-à-Mousson.

roseum Schreb. Com. bois du calc. jur. Fructifie rarement.

marginatum Dicks. Rochers humides : Liverdun.

Mnium

androgynum L. Bois humides : Rosières-aux-Salines.

palustre L. Bois humides : Nancy (Tomblaine).

Funaria

hygrometrica Hedw. Com. dans les bois, surtout sur les places à charbon.

HÉPATIQUES.

Riccia

glauca L. Champs argileux et humides : Nancy (Tomblaine, la Malgrange, Maxéville, Bellefontaine) Rosières-aux-Salines ; Lunéville (étang du Mondon).

crystallina L. Lieux humides : Nancy (Bosserville, Maxéville); Lunéville.

minima L. Lieux humides : Nancy (Bois de Tomblaine).

fluitans L. Mares : Nancy (prairie de Tomblaine).

Anthoceros

lævis L. Champs argileux et humides : Nancy (la Malgrange); Rosières-aux-Salines ; Lunéville.

punctatus L. avec le précédent.

Marchantia

polymorpha L. Lieux humides : Nancy (la Pépinière, Fonds de Toul) ; Lunéville (étang de Spada).

conica L. Rochers humides : Liverdun, Lunéville, Sarrebourg.

Lunularia

vulgaris L. Dans les serres, sur les pots de fleurs : Nancy.

Jungermannia

pinguis L. Lieux tourbeux : Nancy (Fonds de Toul, Montaigu); Lunéville (bois d'Heriménil).

epiphylla L. Bords des fontaines : Nancy (Fonds de Toul, Liverdun).

furcata L. Com. sur la terre et sur les troncs d'arbres.

tomentella Ehrh. Bords des ruisseaux : Sarrebourg (cascade du Rehthal).

crenulata Sw. Chemins des bois : Nancy (Tomblaine, Fléville, Fonds de Toul).

scalaris Schmid. Revers des fossés des bois sablon.: Nancy (Tomblaine).

asplenioides L. Com.; bois.

complanata L. Com. sur les troncs d'arbres.

nemorosa L. Bois, sur la terre : Nancy.

undulata L. Bois, sur la terre : Nancy (Tomblaine).

emarginata Ehrh. Bois sablon. : Nancy (Tomblaine).

porphyroleuca Nées. Sur les rochers humides : Nancy (Maxéville, Fonds de Toul, Liverdun).

excisa Dicks. Bois sablonneux : Nancy (Tomblaine).

bicuspidata L. Avec le précédent.

byssacea Roth. Lieux sablonneux : Nancy (Montaigu, bois de Tomblaine).

pusilla L. Lieux humides : Nancy (Heillecourt, Tomblaine, étang Saint-Jean); Lunéville (étang de Spada).

polyantha L. Com. ; lieux humides des bois.

trichomanes Dicks. Nancy (forêt de Haie).

bidentata L. Bois, sur la terre : Nancy (Maxéville, Fonds de Toul, Tomblaine).

heterophylla Schrad. Sur le bois pourri, dans les forêts : Nancy (Fléville, Boudonville).

trilobata L. Sarrebourg.

barbata Schreb. Bois, sur la terre : Nancy (Tomblaine, Fonds de Toul).

dilatata L. Com. sur les troncs d'arbres.

tamariscifolia L. Com. sur la terre et au pied des arbres dans les bois.

platiphylla L. Com. au pied des arbres.

lævigata Schrad. Com. au pied des arbres.

LICHENS.

Ord. 1er. — Gymnocarpi.

Trib. 1. — *Parmeliaceæ*.

Usnea

barbata Fries. Com. sur les arbres dans les forêts.

α. *florida* Fries (*U. florida* Hoffm.).

β. *rustica* Nob. (*U. rustica* Delise).

γ. *plicata* Fries (*U. plicata* Hoffm.).

δ. *dasypoga* Fries (*U. barbata* Hoffm.).

Evernia

jubata Fries (*Cornicularia jubata* D. C.). Sur les arbres dans les bois; rare à Nancy (forêt de Haie); com. à Sarrebourg.

ochroleuca β. *crinalis* Fries (*Alectoria crinalis* Ach. Lich.).

prunastri Ach. Meth. Com. sur les arbres.

furfuracea Fries (*Physcia furfuracea* D. C.). Sur les arbres dans les bois ; rare à Nancy (Liverdun) ; com. à Sarrebourg.

RAMALINA

calicaris Fries. Com. sur les arbres.

α. *fraxinea* Fries (*R. fraxinea* Ach. Lich.).

β. *fastigiata* Fries (*R. fastigiata* Ach. Lich.).

γ. *canaliculata* Fries (*R. calicaris* L.).

pollinaria Ach. Lich. Com. sur les arbres.

farinacea Ach. Lich. Com. sur les arbres.

CETRARIA

aculeata Fries (*Cornicularia aculeata* Ach. Meth.). Lieux stériles : Nancy (Montaigu, route de Toul).

islandica Ach.

α. *genuina* Nob. Rare : Nancy (au-dessus de Villers).

β. *crispa* Ach. Com. sur les coteaux calc. autour de Nancy.

glauca Ach. Com. sur les troncs d'arbres dans les bois.

PELTIGERA

resupinata Ach. Meth. Sur les troncs d'arbres ; rare à Nancy (Fonds de Toul, Liverdun).

aphthosa Hoffm. Sur la terre dans les bois de sapins : Sarrebourg.

canina Hoffm. Com. sur la terre dans les bois.

α. *vulgaris* Duby.

β. *spongiosa* Delise.

γ. *inflexa* Delise.

δ. *membranacea* Ach.

scutata Duby (*Peltidea scutata* Ach.). Sur la terre, lieux arides et sablonneux : Nancy (Montaigu).

α. *genuina* Nob.

β. *collina* Ach.

horizontalis Hoffm. Com. au pied des arbres dans les bois.

polydactyla Hoffm. Sur la terre dans les bois humides : Nancy (Tomblaine Heillecourt).

α. *genuina* Nob.

β. *Delisei* Duby.

limbata Delise ined. Rare sur les troncs d'arbres dans les bois : Nancy (Fonds de Toul).

saccata D. C. Rare ; sur les rochers calcaires : Liverdun.

STICTA

sylvatica Ach. Meth. Au pied des arbres dans les bois ; rare à Nancy (Fonds de Toul) ; com. à Sarrebourg.

scrobiculata Ach. Lich. Sur les arbres dans les bois ; rare à Nancy (Fonds de Toul, Liverdun) ; com. à Sarrebourg.

pulmonacea Ach. Lich. Com. sur les troncs d'arbres.

α. *genuina* Nob.

β. *pleurocarpa* D. C.

PARMELIA (*Imbricaria*)

perlata Ach. Lich. Sur les troncs d'arbres dans les bois : Nancy (Fonds de Toul, Bellefontaine).

tiliacea Ach. Meth. Com. sur les troncs d'arbres.

saxatilis Ach. Meth. Com. sur les troncs d'arbres.

physodes Ach. Meth. Com. sur les arbres et sur la terre.

Acetabulum Duby. Com. sur les troncs d'arbres.

olivacea Ach. Lich. Com. sur les troncs d'arbres.

caperata Ach. Meth. Com. sur les troncs d'arbres.

conspersa Ach. Meth. Sur les rochers : rare près de Nancy.

parietina Ach. Meth. Com. sur les arbres et sur les murailles.

α. *genuina*.

β. *concolor* Fries (*P. candelaria* Duby).

chrysophthalma Fries (*Physcia chrysophthalma* D. C.). Au sommet des chênes : Nancy (Fonds de Toul, Vandœuvre, Boudonville).

Parmelia (*Physcia*)

ciliaris Ach. Com. sur les arbres.

pulverulenta Ach. Meth.

α. *genuina*. Com. sur les troncs d'arbres.

β. *venusta* Nob. (*Parmelia venusta* Ach. Meth.). Sur les troncs d'arbres : Nancy (la Malgrange, bois de Boudonville).

pityrea Ach. Lich. Sur les troncs d'arbres : Nancy (la Pépinière, Heillecourt); Lunéville (le Bosquet).

stellaris Ach. Meth. Com. sur les arbres.

cæsia Ach. Meth.

α. *genuina*. Sur les arbres : rare à Nancy.

β. *tenella* Fries (*Physcia tenella* D. C.). Com. sur les arbres et les arbustes.

obscura Fries.

α. *adglutinata* Nob. (*Parmelia adglutinata* Flœrke). Sur les troncs d'arbres : rare à Nancy (la Malgrange, la Pépinière); Lunéville (le Bosquet).

β. *murina* Nob. (*Parmelia murina* Schleicher). Sur les troncs d'arbres: Nancy (la Malgrange, Tomblaine).

γ. *ulothrix* Fries (*Parmelia ulothrix* Ach. Meth.). Sur les troncs d'arbres : Nancy (la Malgrange, Turique).

Parmelia (*Pannaria*)

conoplea Ach. Lich. Sur les troncs d'arbres : rare à Nancy (Fonds de Toul).

Parmelia (*Psoroma*)

triptophylla Fries. Sur les troncs d'arbres : Nancy (Fonds de Toul).

Saubinetii Montagne! Très-rare; au pied des vieux hêtres : Nancy (Fonds de Toul).

Parmelia (*Collema*)

velutina Wallr. (*Collema pannosum* Ach. Lich.). Rare; sur les rochers: Liverdun.

atro-cœrulea Schærer. Com. sur les coteaux calcaires des environs de Nancy.

α. *lacera* Schærer (*Collema lacerum* Ach. Lich.).

β. *sinuata* Schærer (*Collema scotinum* Ach. Lich.).

γ. *pulvinata* Schærer (*Collema lacerum* δ. *pulvinatum* Ach. Lich.).

δ *bolacina* Schærer (*Collema lacerum* ε. *bolacinum* Ach. Lich.).

corniculata Schærer (*Collema palma-*

tum β. corniculatum Ach. Lich.). Sur la terre ; rare : Nancy (route de Toul vers les Baraques).

cyanescens Schærer (*Collema tremelloides β. cyanescens* Ach. Syn.). Sur les arbres et sur les mousses : rare à Nancy (Fonds de Toul) ; com. à Sarrebourg.

nigrescens δ. conglomerata Schærer (*Collema fasciculare γ. conglomeratum* Ach. Lich.). Sur le tronc des vieux noyers et des vieux frênes : Nancy.

rupestris Schærer.

α. *flaccida* Schærer (*Collema flaccidum* Ach. Lich.). Sur les troncs d'arbres : Nancy.

β. *furva* Schærer (*Collema furvum* Ach. Lich.). Sur les troncs d'arbres : Nancy.

γ. *fascicularis* Schærer. Sur les vieux noyers : Nancy (vignes de Malzéville).

multifida Schærer. Com. sur la terre et sur les pierres des coteaux calcaires des environs de Nancy.

α. *undulata* Schærer (*Collema melænum* var. *undulatum* Ach. Lich.).

β. *cristata* Schærer (*Collema cristatum* D. C.).

γ. *complicata* Schærer.

δ. *marginalis* Schærer (*Collema melænum β. marginale* Ach. Lich.).

ε. *polycarpa* Schærer (*Collema parvulum* Delise).

ζ. *jacobœæfolia* Schærer (*Collema jacobœæfolium* D. C.).

myochroa Schærer (*Collema saturninum* D. C.). Com. sur les troncs d'arbres.

α. *saturnina* Schærer.

β. *tomentosa* Schærer.

crispa Schærer (*Collema crispum* Hoffm.). Com. sur les murs autour de Nancy.

tenax Schærer (*Collema tenax* Ach. Lich.). Sur la terre : Nancy (Buthegnémont, Champ-du-Bœuf, Turique, Dommartemont).

pulposa Schærer (*Collema pulposum* Ach. Lich.). Sur la terre : Nancy.

turgida Schærer (*Collema turgidum* Ach. Lich.). Sur les vieux murs : Nancy (Boudonville).

plicatilis Schærer (*Collema plicatile* Ach. Lich.). Sur les murs et sur les rochers calcaires : Nancy.

Parmelia (*Placodium*)

lentigera Ach. Meth. (*Squammaria lentigera* D. C.). Sur la terre, collines calcaires : Nancy (Malzéville, route de Toul).

saxicola Ach. Meth.

α. *genuina* (*Placodium ochroleucum* D. C.). Sur le bois et sur les rochers : Nancy.

β. *galactina* Fries (*Psora albescens* Hoffm.). Com. sur les murs : Nancy.

elegans Ach. Meth. (*Placodium elegans* D. C.). Sur les tuiles qui recouvrent les murs des jardins : Nancy.

murorum Ach. Meth. Com. sur les murs autour de Nancy.

α. *genuina*.

β. *citrina* Fries (*Lecanora citrina* Ach. Lich.).

γ. *miniata* Fries (*Lecanora miniata* Ach.).

δ. *callopisma* Fries (*Lecanora callopisma* Ach.).

erithrocarpia Wallr (*Lecanora theicolyta* Ach. Lich.). Com. sur les murs autour de Nancy, mais fructifie rarement.

PARMELIA (*Psora*)

circinata Ach. Meth. (*Placodium radiosum* D. C.). Sur les rochers calcaires : Nancy (Malzéville).

PARMELIA (*Patellaria*)

pallescens Fries (*Lecanora parella γ. pallescens* Ach.). Rare ; sur les branches des chênes : Nancy (bois de Boudonville, Fonds de Toul).

rubra Ach. Meth. (*Lecanora rubra* Ach. Lich.). Rare; sur les troncs d'arbres : Nancy (bois de Bouxières-aux-Dames, Fonds de Toul).

subfusca Fries.

A. *discolor* Fries (*Lecanora subfusca* Ach. Lich.). Com. sur les troncs d'arbres, rare sur les rochers.

α. *genuina*.

β. *argentata* Ach.

γ. *allophana* Ach.

δ. *horiza* Ach.

ε. *cateilea* Ach.

ξ. *saxatilis* D. C. fl. fr.

B. *distans* Fries (*Patellaria populicola* D. C.). Com. sur les troncs des peupliers.

C. *albella* Fries (*Lecanora albella* Ach. Lich.). Com. sur les troncs d'arbres.

D. *angulosa* Fries (*Lecanora angulosa* Ach. Lich.). Com. sur les troncs d'arbres.

Hageni Ach. Lich. Sur le bois exposé à l'air et sur les troncs d'arbres : Nancy (la Pépinière, étang Saint-Jean).

atra Ach. Meth. (*Lecanora atra* Ach. Lich.). Peu com.; sur les troncs d'arbres : Nancy.

sophodes Ach. Meth. Sur les troncs d'arbres : Nancy.

varia Fries.

α. *genuina* (*Lecanora varia* Ach. Lich.). Sur des palissades ; Nancy.

β. *effusa* (*Lecanora effusa* Ach. Lich.). Sur des saules et des noyers creux : Nancy (Essey, Heillecourt).

γ. *symmicta* Ach. Lich. Sur des saules cariés : Nancy.

vitellina Ach. Meth. Sur les murs et les rochers calcaires : Nancy (Malzéville).

aurantiaca Fingerh.

var. *calva* Fries (*Patellaria rupestris* D. C.). Com. sur les rochers calcaires autour de Nancy.

cerina Ach. Meth.

α. *genuina* (*Lecanora cerina* Ach. Lich.). Com. sur les jeunes arbres et principalement sur les trembles.

β. *hæmatites* Fries. Avec la var. précédente.

γ. *luteo-alba* (*Lecidea luteo-alba* Ach. Syn.). Com. sur le bois exposé à l'air et sur les troncs d'arbres).

δ. *aurantiaca* Duby (*Patellaria ulmi-*

cola D. C.). Rare; sur les ormes : Nancy (la Pépinière).

ferruginea Fries (*Patellaria ferruginea* Hoffm.). Com. sur les chênes dans les bois autour de Nancy.

PARMELIA (*Urceolaria*)

calcarea Mich. (*Urceolaria calcarea* Ach. Syn.). Com. sur les murs et sur les rochers calcaires : Nancy.

scruposa Sommerf. (*Urceolaria scruposa* Ach. Meth.). Com. sur la terre des collines calcaires : Nancy.

α. *genuina.*

β. *bryophila* Ach. Meth.

GYALECTA

cupularis Schærer (*Patellaria cupularis* D. C.). Sur les rochers calcaires : Nancy (Maxéville, Fonds de Toul, Champigneules, Liverdun).

Trib. II. — *LECIDINÆ.*

CLADONIA

alcicornis Fries. Sur la terre ; collines calcaires : Nancy (Malzéville, Route de Toul, Vandœuvre); fructifie très-rarement.

pyxidata Fries. Com. sur la terre.

degenerans β. Fries (*Cenomyce cariosa* Ach. Lich.). Lieux sablonneux, sur la terre : Nancy (Montaigu, bois de Tomblaine et d'Heillecourt).

fimbriata Fries. Sur la terre, dans les bois : Nancy.

α. *genuina.*

β. *tubæformis* Fries.

cornuta Fries. Sur la terre dans les bois : Nancy.

α. *genuina.*

β. *radiata* Duby.

γ. *tortuosa* Delise.

δ. *vermicularis* Delise.

ε. *nemoxyna* Ach.

furcata Sommerf. Sur la terre dans les bois : Nancy.

α. *genuina.*

β. *racemosa* Fries (*Cenomyce racemosa* Ach. Syn.).

γ. *subulata* Delise.

rangiformis Hoffm. Sur la terre ; collines calcaires : Nancy.

squamosa Hoffm. Rare; sur la terre : Nancy (bois de Boudonville).

delicata Fries. Sur les vieilles souches pourries : Nancy (Fonds de Toul, Heillecourt, Pompey).

digitata Hoffm. Rare ; sur les vieilles souches pourries : Lunéville (forêt du Mondon).

macilenta Hoffm. (*Cenomyce baccillaris* Ach. Lich.). Sur les vieilles souches pourries : Nancy (Fonds de Toul, Pompey).

rangiferina Hoffm. Rare; bords des bois: Nancy (Malzéville, Maxéville, Fléville).

BÆOMYCES

roseus Pers. Bois humides sur la terre : Nancy (Tomblaine).

BIATORA

testacea Fries (*Psora testacea* Hoffm.). Rare; rochers calcaires : Nancy (Pompey).

decipiens Fries (*Psora decipiens* Hoffm.). Sur la terre ; collines calcaires : Nancy (Malzéville, Vandœuvre, Route de Toul vers les Baraques).

lurida Fries (*Psora lurida* D. C.).

Rare; rochers calcaires : Nancy (Pompey, Ludres).

byssoides Fries (*Bœomyces byssoides* Schærer). Sur la terre : Nancy (bois de Tomblaine).

rosella Fries (*Lecidea rosella* Ach. Meth.). Rare ; sur les troncs d'arbres : Nancy (Baraques de Toul).

vernalis Fries. Com. sur les troncs d'arbres dans les bois.

α. *luteola* Fries (*Lecidea vernalis* Ach. Syn.).

β. *sphæroides* Fries (*Lecidea alabastrina* Ach.).

γ. *sanguineo-atra* Fries (*Patellaria sinapisperma* D. C.).

uliginosa.

var. *fuliginea* Fries (*Collema nigrum* Ach.). Rare ; sur les rochers calcaires : Nancy (Malzéville).

Lecidea

vesicularis Ach. Lich. (*Psora vesicularis* D. C.). Sur la terre ; collines calcaires : Nancy (Vandœuvre, Malzéville).

albo-cœrulescens Fries (*Patellaria albo-cœrulescens* Hoffm.). Sur les murs et les rochers calcaires : Nancy (Boudonville, Malzéville).

immersa Ach. Syn. Com. sur les pierres et les rochers calcaires : Nancy.

contigua Fries. Sur les cailloux : Nancy (bois de Tomblaine).

speirea Ach. Syn. (*Verrucaria calcarea* Hoffm.). Sur les rochers calcaires : Nancy (Malzéville).

atro-alba Ach. Syn. (*Rhizocarpon confervoides* D. C.). Sur les tuiles : Nancy (Boudonville, la Malgrange).

fumosa Ach. Lich. Rare ; sur les murs : Nancy.

geographica Schærer (*Rhizocarpon geographicum* D. C.). Com. sur les tuiles des toits : Nancy.

premnea Fries. Sur les écorces d'arbres dans les bois : Nancy.

parasema Ach. Syn. Com. sur les écorces des arbres.

enteroleuca Fries (*L. elæochroma* Ach. Syn.). Sur les écorces d'arbres : Nancy.

albo-atra Fries.

var. *corticola* Fries (*L. epipolia* γ. *farinosa* Flœrke.). Rare ; sur les vieux chênes : Nancy (Fonds de Toul).

sabuletorum Flœrke. Sur les mousses pourries au pied des arbres dans les bois : Nancy.

milliaria Fries.

var. *terrestris* Fries. Sur la terre : Nancy (bois de Frahaut).

Trib. III. — *Graphideæ*.

Opegrapha

varia Pers. Sur les troncs d'arbres : Nancy.

α. *pulicaris* Fries (*O. phæa* Ach. Syn.).

β. *notha* Fries (*O. notha* Ach. Syn.).

γ. *signata* Fries (*O. signata* Ach. Lich.).

δ. *diaphora* Fries (*O. diaphora* Ach. Meth.).

saxatilis D. C. (*O. calcarea* Ach. Syn.). Rare ; rochers calcaires : Nancy (Maxéville, Liverdun).

atra Pers. Com. sur les troncs d'arbres.
- α. *stenocarpa* Fries.
- β. *abbreviata* Flœrke (*O. denigrata* Ach. Lich.).
- γ. *epipasta* Fries (*O. epipasta* Ach. Meth.).
- δ. *macularis* Fries (*O. radiata* Pers.)

rufescens Pers. (*O. rubella* D. C.). Sur les troncs d'arbres dans les bois : Nancy.

scripta Ach. Meth. Com. sur les troncs d'arbres.
- α. *limitata* Ach. (*O. limitata* Pers.).
- β. *Cerasi* Ach. (*O. Cerasi* Pers.).
- γ. *pulverulenta* Ach. (*O. pulverulenta* Pers.).
- δ. *serpentina* Schærer (*O. serpentina* Ach. Meth.).

Coniocarpon

cinnabarinum D. C. Rare; sur les troncs d'arbres : Nancy (Fonds de Toul).

ochraceum Fries. Sur les hêtres : Nancy (Fonds de Toul).

Calicium

lenticulare Fries (*C. quercinum* Pers.). Com. sur les vieux chênes : Nancy.

trachelinum Fries (*C. salicinum* Pers.). Sur les saules cariés : Nancy (Heillecourt, Bellefontaine).

stigonellum Ach. Syn. (*C. sessile* Pers.). Sur les troncs d'arbres : Nancy.

turbinatum Pers. Sur les troncs d'arbres : Nancy (la Pépinière), Lunéville (le Bosquet).

Schizoxylum

sepincola Pers. Sur des palissades de sapin : Nancy (Pont d'Essey, étang Saint-Jean, Bonsecours).

Ord. II. — Angiocarpi.

Trib. I. — *Endocarpeæ.*

Endocarpon

pusillum Hedw. Sur la terre et les rochers des collines calcaires : Nancy (murs de la citadelle, Malzéville, Croix-Gagnée, etc.).

Sagedia

fuscella Fries. Sur les rochers calcaires: Nancy (Malzéville).

cinerea Fries (*Endocarpon cinereum* Pers.). Sur les rochers calcaires : Nancy (Boudonville, Malzéville).

Pertusaria

communis D. C. Com. sur les troncs d'arbres.
- A. *genuina*.
- B. *leioplaca* Mich. (*P. leioplaca* Schærer).
- C. *variolosa* Wallr.
  - α. *orbiculata* Wallr. (*Variolaria orbiculata* Hoffm.).
  - β. *effusa* Wallr. (*Variolaria amara* Ach. Lich.).
  - γ. *discoidea* Wallr. (*Variolaria discoidea* Pers.).
- D. *staurophora* Wallr. (*Isidium coccodes* Ach.).

Wulfenii D. C. Très-rare ; sur les charmes : Nancy (Fonds de Toul).

Trib. II. — *Verrucarieæ.*

Verrucaria

muralis Ach. Syn. Com. sur les murs et sur les pierres : Nancy, Pont-à-Mousson, Lunéville.

Hochstetteri Fries (*Pyrenula verrucosa*

Ach. Lich.). Sur les rochers calcaires : Nancy (Maxéville).

nigrescens Pers. Sur les rochers calcaires : Nancy (Malzéville).

nitida Schrad. Com. sur les troncs d'arbres.

glabrata Ach. Syn. Rare ; sur les charmes : Nancy (Fonds de Toul).

gemmata Ach. Meth. Sur les chênes : Nancy (Boudonville, Fonds de Toul).

stigmatella Ach. Syn. Com. sur les peupliers : Nancy.

epidermitis Ach. Meth. Com. sur les troncs d'arbres.

punctiformis Pers. Com. sur les troncs d'arbres.

carpinea Pers. Sur les charmes: Nancy.

Trib. III. — *Limborieæ.*

Pyrenotheca

leucocephala Fries (*Verrucaria leucocephala* Ach. Meth.). Rare ; sur les chênes : Nancy (Fonds de Toul).

stictica Fries (*Verrucaria byssacea* Ach. Meth.) Rare ; sur les chênes : Nancy (Fonds de Toul).

CHAMPIGNONS.

Class. Ire. — Hymenomycetes.

Ord. I. — *Pileati.*

Agaricus (*Amanita*)

cæsareus Scop. Bois : Pont-à-Mousson.

phalloides Fries Syst. Bois : Nancy, Pont-à-Mousson.

muscarius L. Bois : Pont-à-Mousson.

pantherinus D. C. Bois : Nancy (Fonds de Toul).

solitarius Bull. Très-rare, sur la terre : Pont-à-Mousson.

rubescens Fries Syst. Bois : Pont-à-Mousson.

vaginatus Bull. Bois : Nancy, Pont-à-Mousson.

Agaricus (*Lepiota*)

procerus Scop. Bois : Nancy (bois de Tomblaine), Lunéville.

mastoideus Fries Syst. Bois : Nancy.

acute-squamosus Weinm. Nancy (bords du bois au-dessus de Champigneules).

clypeolarius Bull. Bois : Nancy, Pont-à-Mousson.

cristatus Fries Syst. Nancy (bois de Boudonville).

granulosus Batsch. Rare ; bois : Pont-à-Mousson.

Agaricus (*Armillaria*)

aurantius Schæff. Rare ; bois : Nancy (bois de Boudonville), Pont-à-Mousson.

ramentaceus Bull. Bois ombragés; rare: Pont-à-Mousson.

melleus Fl. Dan. Au pied des troncs d'arbres pourris : Nancy, Pont-à-Mousson.

mucidus Schrad. Sur les troncs de hêtre coupés ou languissants : Pont-à-Mousson.

piluliformis Bull. Sur les mousses au pied des arbres : Nancy.

Agaricus (*Tricholoma*)

flavobrunneus Fries Obs. Bois humides : Nancy (bois de Tomblaine).

albobrunneus Fries Syst. Bords des bois : Pont-à-Mousson.

frumentaceus Bull. Rare : Nancy (forêt de Haie).

saponaceus Fries Obs. Com. dans les bois.

cartilagineus Bull. Rare : Nancy (bois de Tomblaine).

sulfureus Bull. Nancy (bois de Bosserville), Pont-à-Mousson.

albellus D. C. Rare ; bois : Nancy.

graveolens Pers. Syn. Rare; bois : Pont-à-Mousson.

tigrinus Schæff. Bois : Pont-à-Mousson.

albus Fries Syst. Bois : Pont-à-Mousson.

nudus Bull. Bois, sur les feuilles tombées à terre : Pont-à-Mousson.

acerbus Bull. Rare ; bois : Pont-à-Mousson.

brevipes Bull. Rare ; bois : Nancy.

Agaricus (*Clitocybe*)

odorus Bull. Com. dans les bois : Nancy (Fonds de Toul, Bosserville).

giganteus Sowerb. Bois montagneux : Nancy (forêt de Haie).

geotropus Bull. Bois : Nancy.

inversus Scop. Bois : Nancy.

flaccidus Sowerb. Sur les feuilles tombées à terre : Nancy (bois de Tomblaine).

ericetorum Bull. Bords des chemins : Nancy (Maxéville).

cyathiformis Bull. Com. dans les bois.

laccatus Scop. Com. dans les bois.

Agaricus (*Collybia*)

radicatus Fries Syst. Com. dans les bois autour des troncs d'arbres.

longipes Bull. Com. dans les bois ; rare dans les jardins.

platyphyllus Pers. Syn. Rare ; sur les troncs pourris : Pont-à-Mousson.

fusipes Bull. Sur les racines des arbres dans les bois : Nancy, Pont-à-Mousson.

velutipes Curt. Com. au pied des saules.

hariolorum Bull. Rare ; bois : Nancy, Pont-à-Mousson.

tuberosus Bull. Sur les agarics putréfiés : Pont-à-Mousson.

dryophilus Bull. Com. entre les feuilles sèches dans les bois.

clavus L. Sur les troncs d'arbres dans les bois.

muscigenus Fries Syst. Sur le bord des bois parmi les mousses : Pont-à-Mousson.

Agaricus (*Mycena*)

purus Pers. Syn. Bois ; sur les feuilles mortes : Nancy, Pont-à-Mousson.

adonis Bull. Bois : Nancy.

lacteus Pers. Syn. Prés secs sur les racines des graminées : Pont-à-Mousson.

galericulatus Scop. Com. dans les bois sur les troncs d'arbres pourris.

polygrammus Bull. Com. dans les bois sur les troncs d'arbres pourris.

filopes Bull. Com. dans les bois sur la terre et autour des troncs d'arbres.

epipterygius Scop. Bois ; sur les mousses et les feuilles pourries : Pont-à-Mousson.

corticola Pers. Syn. Com. sur l'écorce des chênes et des tilleuls.

Agaricus (*Omphalia*)

pyxidatus Bull. Le long des chemins : Pont-à-Mousson.

umbelliferus L. Lieux marécageux : canal de la Marne au Rhin près de Nancy.

griseo-cyaneus Fries. Sur la terre dans les jardins : Nancy.

fibula Bull. Sur les mousses dans les bois : Pont-à-Mousson.

Agaricus (*Pleurotus*)

tessulatus Bull. Rare ; sur les troncs d'arbres : Pont-à-Mousson.

spodoleucus Fries Syst. Rare ; troncs des hêtres : Nancy (bois de Boudonville).

glandulosus Bull. Sur les troncs d'arbres pourris : Pont-à-Mousson.

ostreatus Jacq. Sur les troncs d'arbres pourris : Pont-à-Mousson.

tremulus Schæff. Com. sur la terre dans les bois.

applicatus Batsch. Sur les rameaux tombés à terre : Pont-à-Mousson.

Agaricus (*Volvaria*)

bombycinus Schæff. Sur les troncs d'arbres : Nancy (bois de Boudonville).

volvaceus Bull. Dans les étables : Pont-à-Mousson.

parvulus Weinm. Nancy (prairie de Tomblaine).

Agaricus (*Pluteus*)

cervinus Fries Epic. Com. sur les troncs d'arbres pourris, dans les bois.

leoninus Schæff. Sur la terre et les troncs d'arbres, dans les bois : Pont-à-Mousson.

Agaricus (*Entoloma*)

ardosiacus Bull. Prés humides : Nancy (Fonds de Toul).

clypeatus L. Bois : Pont-à-Mousson.

Agaricus (*Clitopilus*)

Prunulus Scop. Com. dans les bois.

Agaricus (*Eccilia*)

politus Pers. Syn. Bois ombragés : Pont-à-Mousson.

Agaricus (*Pholiota*)

præcox Pers. Syn. Prairies : Pont-à-Mousson.

coronillus Bull. Lieux stériles : Pont-à-Mousson.

radicosus Bull. Bois : Pont-à-Mousson.

squarrosus Fries Syst. Sur les troncs d'arbres dans les bois et dans les vergers : Nancy, Pont-à-Mousson.

adiposus Fries Syst. Sur les troncs de hêtre : Nancy (Fonds de Toul).

mutabilis Schæff. Sur les troncs d'arbres : Pont-à-Mousson.

Agaricus (*Hebeloma*)

lanuginosus Bull. Bois : Nancy.

rimosus Bull. Bords des chemins dans les bois : Pont-à-Mousson.

geophyllus Sowerb. Com. dans les bois.

crustuliniformis Bull. Com. dans les bois.

Agaricus (*Naucoria*)

pygmæus Bull. Sur les troncs d'arbres pourris : Pont-à-Mousson.

melinoides Bull. Nancy (bois de Boudonville).

sideroides Bull. Nancy (bois de Bosserville).

semi-orbicularis Bull. Prairies, sur le fumier de cheval : Pont-à-Mousson.

AGARICUS (*Galera*)

tener Schæff. Com. dans les prairies.

lateritius Schæff. Sur les troncs d'arbres pourris : Pont-à-Mousson.

AGARICUS (*Crepidotus*)

mollis Schæff. Sur les troncs d'arbres pourris : Pont-à-Mousson.

variabilis Pers. Obs. Com. sur les rameaux tombés à terre : Nancy, Pont-à-Mousson.

depluens Batsch. Bois : Pont-à-Mousson.

AGARICUS (*Psalliota*)

campestris L. Prairies : Nancy (Montaigu), Pont-à-Mousson.

arvensis Schæff. Com. dans les vergers, les lieux herbeux.

cretaceus Bull. Sur le tan, dans les serres : Pont-à-Mousson.

æruginosus Curt. Sur les feuilles putréfiées, dans les bois : Pont-à-Mousson.

semiglobatus Batsch. Dans les prés sur le fumier de cheval : Nancy, Pont-à-Mousson.

AGARICUS (*Hypholoma*)

sublateritius Schæff. Autour des troncs d'arbres : Nancy.

fascicularis Fries Syst. Sur les troncs d'arbres pourris : Nancy, Pont-à-Mousson.

lacrymabundus Bull. Bois humides : Pont-à-Mousson.

appendiculatus Bull. Chemins des bois: Pont-à-Mousson.

hydrophylus Bull. Bois : Pont-à-Mousson.

AGARICUS (*Psathyra*)

corrugis Pers. Syn. Bois : Nancy (Fonds de Toul), Pont-à-Mousson.

AGARICUS (*Panæolus*)

fimiputris Bull. Com. sur les fumiers.

papilionaceus Bull. Com. dans les prés sur le fumier de vache.

AGARICUS (*Psatyrella*)

disseminatus Pers. Syn. Sur les troncs d'arbres pourris : Pont-à-Mousson.

COPRINUS

comatus Fries Epic. Sur le fumier de cheval : Lunéville, Pont-à-Mousson.

atramentarius Fries Epic. Chemins, jardins : Nancy, Pont-à-Mousson.

soboliferus Fries Epic. Bords des chemins : Pont-à-Mousson.

picaceus Fries Epic. Bois : Nancy (Fonds de Toul), Pont-à-Mousson.

fimetarius Fries Epic. Fumiers : Nancy, Pont-à-Mousson.

cinereus Fries Epic. Fumiers, jardins : Nancy, Pont-à-Mousson.

tomentosus Fries Epic. Jardins : Pont-à-Mousson.

astroideus Fries Epic. Bois : Pont-à-Mousson.

micaceus Fries Epic. Com. dans les jardins et sur le bois pourri.

deliquescens Fries Epic. Sur les racines pourries : Pont-à-Mousson (la Fontaine des Cerfs).

congregatus Fries Epic. Bords des routes : Nancy.

radiatus Fries Epic. Sur le fumier de cheval.

ephemerus Fries Epic. Jardins, vergers.

plicatilis Fries Epic. Com. au bord des chemins.

CORTINARIUS

cyanopus Fries Epic. Nancy (bois de Tomblaine).

percomis Fries Epic. Nancy (bois de Tomblaine).

Napus Fries Epic. Nancy (bois de Tomblaine).

cœrulescens Fries Epic. Bois : Nancy (Fonds de Toul).

turbinatus Fries Epic. Bois : Pont-à-Mousson.

alutipes Fries Epic. Bois : Nancy (Fonds de Toul).

collinitus Fries Epic. Bois : Nancy (bois de Tomblaine), Pont-à-Mousson.

violaceus Fries Epic. Bois : Nancy (Fonds de Toul).

anomalus Fries Epic. Bords des bois : Pont-à-Mousson.

cinnamomeus Fries Epic. Bois : Pont-à-Mousson.

iliopodius Fries Epic. Bois : Pont-à-Mousson.

subferrugineus Fries Epic. Com. dans les bois.

armeniacus Fries Epic. Bois : Pont-à-Mousson.

PAXILLUS

involutus Fries Epic. Bords des chemins: Nancy (Montaigu), Pont-à-Mousson.

HYGROPHORUS

chrysodon Fries Epic. Bois : Pont-à-Mousson.

eburneus Fries Epic. Bois : Nancy (bois de Boudonville, Fonds de Toul).

cossus Fries Epic. Nancy (bois de Boudonville).

erubescens Fries Epic. Nancy (bois de Boudonville).

discoideus Fries Epic. Bois : Pont-à-Mousson.

virgineus Fries Epic. Bois : Pont-à-Mousson.

ovinus Fries Epic. Prés : Nancy.

puniceus Fries Epic. Prés montagneux : Pont-à-Mousson.

conicus Fries Epic. Prairies humides : Pont-à-Mousson.

psittacinus Fries Epic. Prairies : Pont-à-Mousson.

LACTARIUS

torminosus Fries Epic. Bois : Pont-à-Mousson.

controversus Fries Epic. Bois : Pont-à-Mousson.

zonarius Fries Epic. Bois : Nancy (au-dessus de Champigneules).

insulsus Fries Epic. Bois : Pont-à-Mousson.

pyrogalus Fries Epic. Bois : Pont-à-Mousson.

piperatus Fries Epic. Bois : Nancy, Pont-à-Mousson.

vellereus Fries Epic. Com. dans les bois.

pallidus Fries Epic. Com. dans les bois.

blennius Fries Epic. Bois : Pont-à-Mousson.

azonites Fries Epic. Bois : Pont-à-Mousson.

ichoratus Fries Epic. Bois : Nancy (bois de Boudonville).

serifluus Fries Epic. Lieux humides : Nancy (Bellefontaine).

subdulcis Fries Epic. Com. dans les bois.

tithymalinus Fries Epic. Bois : Pont-à-Mousson.

fuliginosus Fries Epic. Bois : Nancy (bois de Boudonville).

RUSSULA

adusta Fries Epic. Bois : Pont-à-Mousson.

sanguinea Fries Epic. Lieux humides des bois : Pont-à-Mousson.

furcata Fries Epic. Bois ombragés: Pont-à-Mousson.

galochroa Fries Epic. Bois : Nancy.

rubra Fries Epic. Bois : Nancy (Fonds de Toul, bois de Boudonville), Pont-à-Mousson.

virescens Fries Epic. Rare ; bois : Pont-à-Mousson.

emetica Fries Epic. Bois : Nancy.

ochroleuca Fries Epic. Bois humides : Nancy (Fonds de Toul).

fœtens Fries Epic. Com. dans les bois.

fragilis Fries Epic. Bois : Pont-à-Mousson.

integra Fries Epic. Com. dans les bois.

lutea Fries Epic. Rare ; bois : Pont-à-Mousson.

CANTHARELLUS

cibarius Fries Syst. Com. dans les bois.

cinereus Fries Syst. Bois : Nancy, Pont-à-Mousson.

tubæformis Fries Syst. Bois : Nancy.

NYCTALIS

parasitica Fries Epic. Sur les Agarics putréfiés : Pont-à-Mousson.

MARASMIUS

urens Fries Epic. Bois, prairies : Nancy.

porreus Fries Epic. Bois, sur les feuilles putréfiées : Pont-à-Mousson.

oreades Fries Epic. Prairies : Pont-à-Mousson.

ramealis Fries Epic. Com. dans les bois sur les branches mortes.

androsaceus Fries Epic. Sur les feuilles de chêne tombées à terre : Nancy, Pont-à-Mousson.

rotula Fries Epic. Com. sur les feuilles putréfiées.

perforans Fries Epic. Rare : Nancy (Bosserville).

Hudsoni Fries Epic. Rare : sur un vieux saule à Pont-à-Mousson.

epiphyllus Fries Epic. Com. sur les feuilles tombées à terre.

LENTINUS

suffrutescens Fries Epic. Rare : Nancy (dans une cave).

PANUS

conchatus Fries Epic. Sur les vieux saules : Pont-à-Mousson.

stipticus Fries Epic. Com. sur les troncs d'arbres pourris.

SCHIZOPHYLLUM

commune Fries Syst. Sur le bois mort : Nancy, Pont-à-Mousson.

LENSITES

betulina Fries Epic. Com. sur les troncs pourris de hêtre.

variegata Fries Epic. Sur les troncs de hêtre, de peuplier : Nancy, Pont-à-Mousson.

abietina Fries Epic. Com. sur le bois de sapin.

BOLETUS

luteus L. Pont-à-Mousson (trouvé une seule fois dans un jardin).

piperatus Bull. bois : Pont-à-Mousson.

chrysenteron Bull. Com. dans les bois.

lupinus Fries Epic. Bois : Nancy (au-dessus de Champigneules).

luridus Schæff. Bois : Nancy (Fonds de Toul), Pont-à-Mousson.

edulis Bull. Com. dans les bois.

reticulatus Pers. Syn. Com. dans les bois.

scaber Bull. Com. dans les bois.

castaneus Bull. Bois : Pont-à-Mousson.

POLYPORUS

brumalis Fries Syst. Rare ; sur les branches pourries : Nancy.

perennis L. Bois, surtout sur les places à charbon : Nancy, Pont-à-Mousson.

rufescens Fries Syst. Bois : Nancy.

squamosus Fries Syst. Sur les troncs d'arbres : Pont-à-Mousson.

melanopus Fries Syst. Rare ; sur le bois mort enfoui en terre : Pont-à-Mousson.

picipes Fries Syst. Rare ; sur les vieux saules : Nancy (Bosserville).

varius Fries Syst. Sur les troncs d'arbres: Pont-à-Mousson.

elegans Fries Syst. Sur le bois mort : Nancy (Route de Toul).

nummularius Fries Syst. Bois : Pont-à-Mousson.

lucidus Fries Syst. Bois : Nancy (route de Toul, Malzéville), Pont-à-Mousson.

umbellatus Fries Syst. Très-rare, bois : Pont-à-Mousson.

frondosus Fries Syst. Rare, bois : Pont-à-Mousson.

cristatus Fries Syst. Bois ombragés : Pont-à-Mousson.

sulfureus Fries Syst. Sur les troncs des chênes et des saules : Pont-à-Mousson.

imbricatus Fries Syst. Très-rare, au sommet des vieux chênes : Pont-à-Mousson.

adustus Fries Syst. Sur les troncs d'arbres : Nancy, Pont-à-Mousson.

carpineus Sowerb. Sur les troncs de charme : Nancy, Pont-à-Mousson.

hispidus Fries Syst. Sur les noyers, les poiriers, les pommiers : Nancy, Pont-à-Mousson.

cuticularis Fries Syst. Sur les troncs de hêtre : Pont-à-Mousson.

dryadeus Fries Syst. Rare ; sur les chênes : Pont-à-Mousson.

fomentarius Fries Syst. Com. sur les hêtres et les chênes.

igniarius Fries Syst. Com. sur les saules.

Ribis Fries Syst. Sur les groseillers : Nancy.

cinnabarinus Fries Syst. Rare; sur le *Prunus avium* : Pont-à-Mousson.

hirsutus Fries Syst. Sur les troncs d'arbres dans les bois : Pont-à-Mousson.

zonatus Fries Syst. Sur les trembles : Pont-à-Mousson.

versicolor Fries Syst. Com. dans les bois sur les troncs d'arbres pourris.

medulla-panis Fries Syst. Com sur les troncs d'arbres et surtout sur les saules.

vaporarius Fries Syst. Rare ; sur le bois de sapin exposé à l'air.

TRAMETES

odorata Fries Epic. Rare ; sur les troncs de tremble : Pont-à-Mousson.

suaveolens Fries Epic. Com. sur les troncs de saule.

gibbosa Fries Epic. Sur les troncs de chênes et de saules : Pont-à-Mousson.

DÆDALEA

quercina Pers. Syn. Com. sur les troncs de chênes pourris.

aurea Fries Syst. Sur les troncs de chênes pourris : Pont-à-Mousson.

confragosa Pers. Syn. Sur les troncs d'arbres pourris : Pont-à-Mousson.

angustata Sowerb. Sur les troncs d'arbres pourris : Nancy (Vandœuvre, bois de Boudonville), Pont-à-Mousson.

unicolor Fries Syst. Com. sur les arbres languissants et cariés.

MERULIUS

tremellosus Schrad. Com. sur les troncs d'arbres pourris.

Corium Fries El. Bois, sur les troncs d'arbres pourris : Nancy (Fonds de Toul).

lacrymans Fries Syst. Sur le bois dans les maisons : Nancy.

FISTULINA

hepatica Fries Syst. Sur les troncs de chênes : Nancy, Pont-à-Mousson.

HYDNUM

imbricatum L. Sur la terre dans les bois : Nancy (Boudonville).

squamosum Schæff. Sur la terre dans les bois : Nancy (Vandœuvre), Pont-à-Mousson.

repandum L. Com. dans les bois sur la terre.

concrescens Pers. Syn. Com. dans les bois sur la terre.

tomentosum L. Rare ; Bois : Pont-à-Mousson (Sainte-Geneviève du côté de Loisy).

erinaceus Bull. Très-rare ; sur un tronc de chêne : Pont-à-Mousson.

niveum Pers. Sur le bois mort : Nancy.

SISTOTREMA

confluens Pers. Syn. Dans les bois sur les feuilles mortes : Pont-à-Mousson.

IRPEX

paradoxus Schrad. Sur les branches mortes de chêne : Nancy (Fonds de Toul).

RADULUM

tomentosum Fries. Sur le bois dans une cave : Nancy.

CRATERELLUS

lutescens Fries Syst. Bois humides, sur la terre : Pont-à-Mousson.

cornucopioides Pers. Syn. Com. dans les bois sur la terre.

crispus Fries Epic. Bois : Nancy (bois de Tomblaine).

THELEPHORA

caryophyllæa Fries Syst. Très-rare ; sur un tronc de chêne pourri à Pont-à-Mousson.

terrestris Ehrh. Sur la terre et les racines mortes : Nancy (bois de Tomblaine), Pont-à-Mousson.

cristata Fries Syst. Parmi les mousses dans les bois : Nancy.

palmata Fries Syst. Chemins creux des bois sur la terre : Pont-à-Mousson.

coralloides Fries Syst. Bois, vergers, sur la terre : Nancy.

fastidiosa Fries Syst. Bois : Pont-à-Mousson.

Stereum

purpureum Pers. Obs. Com. sur les arbres morts.

hirsutum Fries Epic. Com. sur les troncs d'arbres pourris.

disciforme Fries Epic. Com. sur les troncs de chênes encore vivants.

rugosum Fries Epic. Sur les trembles morts : Nancy.

coryleum (*Thelephora corylea* Pers.). Sur les coudriers morts : Nancy.

rubiginosum Fries Epic. Sur les troncs d'arbres pourris, dans les bois : Nancy, Pont-à-Mousson.

acerinum Fries Epic. Com. sur l'écorce de l'*Acer campestris* vivant.

Auricularia

mesenterica Bull. Sur les troncs d'arbres pourris : Nancy (Jardin Botanique, Fonds de Toul), Pont-à-Mousson.

Corticium

sarcoides Fries Epic. Sur le bois mort : Nancy (Fonds de Toul).

roseum Fries Epic. Sur les peupliers morts : Nancy.

cœruleum Fries Epic. Sur le bois mort autour des habitations : Nancy, Lunéville.

quercinum Fries Epic. Com. sur les branches mortes du chêne.

cinereum Fries Epic. Sur le bois mort: Nancy.

Tiliæ (*Thelephora Tiliæ* Pers.). Sur les branches mortes de tilleul : Nancy.

polygonium Fries Epic. Sur l'écorce du peuplier : Nancy.

Sambuci Fries Epic. Com. sur le *Sambucus nigra*.

Ord. II. — *Clavati.*

Clavaria

flava Pers. Com. ; bois : Nancy.

coralloides L. Com.; bois.

cinerea Bull. Com.; bois, jardins.

nivea Pers. Syn. Bois : Pont-à-Mousson.

pratensis Pers. Com. Prairies : Nancy, Pont-à-Mousson.

corniculata Schæff. Bois de Tomblaine.

amethystina Bull. Bois de Maxéville ; Fonds de Toul.

cristata Pers. Syn. Com.; bois.

rugosa Bull. Bois ; Pont-à-Mousson.

pistillaris L. Com. Bois.

juncea Fries Obs. Sur les feuilles tombées à terre : Nancy.

inæqualis Fl. Dan. Nancy (bois de Frahaut).

aurantiaca Pers. Com. Nancy (bois de Boudonville).

fragilis Fries Syst. Nancy (bois de Boudonville).

falcata Pers. Com. Bois : Pont-à-Mousson.

penicillata Bull. Rare : Nancy.

Calocera

viscosa Fries Syst. Sur les sapins pourris : Badonviller.

cornea Fries Syst. Com. sur les troncs pourris.

Geoglossum

hirsutum Pers. Prairies humides : Nancy, Lunéville.

glabrum Pers. Prairies humides: Nancy.

Mitrula

spathulata Fries Epic. Rare : Sainte-Marie-aux-Mines.

TYPHULA

gyrans Fries Epic. Sur les graminées et les feuilles tombées à terre : Pont-à-Mousson.

PISTILLARIA

micans Fries Syst. Sur les tiges mortes des plantes herbacées : Nancy.

Ord. III. — *MITRATI*.

MORCHELLA

esculenta Pers. Syn. Bois : Nancy, Pont-à-Mousson.

HELVELLA

crispa Fries Syst. Bois : Nancy, Pont-à-Mousson.

elastica Bull. Bois : Pont-à-Mousson.

infula Schæff. Bois : Blâmont.

VERPA

morchellula Fries Syst. Nancy (bois de Boudonville).

LEOTIA

lubrica Pers. Syn. Bois humides: Nancy, Pont-à-Mousson.

Ord. IV. — *CUPULATI*.

PEZIZA (*Aleuria*)

Acetabulum L. Bois humides : Nancy, Pont-à-Mousson.

aurantia Pers. Obs. Com.; bois humides.

cochleata L. Bois : Nancy, Pont-à-Mousson.

vesiculosa Bull. Com. sur les fumiers.

macropus Pers. Obs. Bois : Pont-à-Mousson.

tuberosa Bull. Bois humides : Nancy, Pont-à-Mousson.

Rapulum Bull. Bois humides : Nancy, Pont-à-Mousson.

catinus Holmsk. Sur les troncs pourris: Pont-à-Mousson.

cupularis L. Bois : Nancy, Lunéville, Pont-à-Mousson.

granulata Bull. Sur le fumier de vache: Pont-à-Mousson.

leucoloma Rebent. Com. sur les mousses.

omphalodes Bull. Sur les places à charbon : Nancy.

fascicularis Pers. Myc. Sur les rameaux du tremble : Nancy, Pont-à-Mousson.

PEZIZA (*Lachnea*)

coccinea Jacq. Sur les branches d'arbres enfouies sous terre : Nancy, Pont-à-Mousson, Lunéville.

hemisphærica Hoffm. Bois : Nancy, Pont-à-Mousson.

vitellina Pers. Myc. Lieux humides : Nancy.

scutellata L. Com. sur les troncs pourris : Nancy, Lunéville, Pont-à-Mousson.

stercorea Pers. Obs. Bois: Pont-à-Mousson.

ciliaris Schrad. Com. sur les feuilles tombées à terre.

virginea Pers. Obs. Com. sur le bois mort.

nivea Fries Syst. Sur le bois pourri : Nancy.

bicolor Bull. Sur les rameaux de coudrier tombés à terre : Nancy, Pont-à-Mousson.

cerina Pers. Syn. Sur les troncs d'arbres : Nancy.

clandestina Bull. Sur les tiges de ronces tombées à terre : Nancy, Pont-à-Mousson.

Godroniana Montagne An. scien. nat. 18, p. 245. Sur l'écorce des chênes vivants : Nancy (Croix gagnée).

corticalis Pers. Obs. Sur l'écorce du tremble : Nancy (Bellefontaine).

barbata Kunz. Sur les rameaux desséchés du *Lonicera Xylosteum* : Nancy (Fonds de Toul).

papillaris Bull. Sur le bois mort : Nancy, Pont-à-Mousson.

hyalina Pers. Syn. Sur les troncs pourris: Nancy (Fonds de Toul).

nidulus Schmidt et Kunz. Sur les tiges desséchées du *Convallaria multiflora* : Nancy (bois de Boudonville).

sulphurea Pers. Disp. Sur les tiges desséchées d'*Urtica dioica* : Nancy (Boudonville, Pompey).

villosa Pers. Syn. Sur les tiges desséchées d'*Eryngium* : Nancy.

anomala Pers. Obs. Sur les branches d'arbres desséchées : Nancy.

aurelia Pers. Myc. Sur la sciure de bois : Nancy (bois d'Heillecourt).

cæsia Pers. Syn. Sur la sciure de bois: Nancy (forêt de Haye, bois d'Heillecourt).

Rosæ Pers. Obs. Sur les tiges desséchées du *Rosa canina* : Nancy (Croix-Gagnée).

PEZIZA (*Phialea*)

petiolorum Roxb. Sur les pétioles de feuilles de chêne tombées à terre: Nancy (bois de Boudonville).

fructigena Bull. Com. sur les glands de chêne.

coronata Bull. Sur les tiges desséchées des plantes herbacées : Nancy, Pont-à-Mousson.

Urticæ Pers. Sur les tiges desséchées de l'*Urtica dioica* : Nancy.

clavata Pers. Myc. Sur les tiges desséchées d'Ombellifères : Nancy.

cyathoidea Bull. Com. sur les tiges desséchées des plantes herbacées.

citrina Batsch. Sur les troncs d'arbres.

pallescens Pers Obs. Sur les troncs d'arbres : Nancy (Fonds de Toul).

lenticularis Bull. Sur les troncs d'arbres: Pont-à-Mousson.

imberbis Bull. Sur le bois pourri : Nancy (bois de Boudonville).

herbarum Pers. Syn. Com. sur les tiges desséchées de l'*Urtica dioica*.

epiphylla Pers. Disp. Sur les feuilles putréfiées du hêtre : Pont-à-Mousson.

vinosa Fries. Sur les branches desséchées du chêne : Nancy.

Kneiffii Wallr. Sur les tiges desséchées de l'*Arundo Phragmites*. Nancy (Fonds de Toul).

carpinea Pers. Syn. Sur l'écorce desséchée du charme : Nancy.

cinerea Batsch. Sur le bois pourri : Nancy, Pont-à-Mousson.

vulgaris Fries Syst. Sur les tiges desséchées de ronce : Nancy.

atrata Pers. Syn. Sur le bois mort : Nancy.

compressa Pers. Myc. Sur le bois mort : Nancy.

fusarioides Berk. Sur les tiges desséchées de l'*Urtica dioica* : Nancy.

HELOTIUM

aciculare Pers. Syn. Sur les troncs de chêne pourris : Pont-à-Mousson.

PATELLARIA

atrata Fries Syst. Com. sur le bois mort.

ASCOBOLUS

furfuraceus Pers. Obs. Sur la bouse de vache : Nancy, Pont-à-Mousson.

carneus. Pers. Syn. Sur la bouse de vache : Nancy.

BULGARIA

inquinans Fries Syst. Com. sur les chênes morts.

sarcoides Fries Syst. Rare ; sur les troncs d'arbres : Nancy (Fonds de Toul).

CENANGIUM

Ribis Fries Syst. Sur les rameaux desséchés du *Ribes nigrum* : Nancy.

Cerasi Fries Syst. Sur les rameaux desséchés du cerisier : Nancy.

caliciiforme Fries Syst. Sur les troncs de chêne : Nancy.

quercinum Fries Syst. Com. sur les rameaux desséchés du chêne.

difforme Fries in Mougeot. Nancy.

STICTIS

radiata Pers. Obs. Sur les branches d'arbres desséchées : Nancy (Fonds de Toul).

parallela Fries Syst. Sur des planches de sapin exposées à l'air : Nancy.

farinosa Pers. Myc. Sur le bois de peuplier : Nancy.

cinerascens Pers. Sur le bois mort : Nancy.

Ord. V. — *TREMELLINÆ*.

TREMELLA

fimbriata Pers. Obs. Sur les troncs d'arbres : Nancy (bois de Boudonville).

mesenterica Retz. Com. sur les troncs d'arbres.

sarcoides With. Sur les troncs d'arbres : Nancy.

EXIDIA

recisa Fries Syst. Sur les rameaux desséchés du *Salix caprœa* : Pont-à-Mousson.

glandulosa Fries Syst. Sur les rameaux desséchés du chêne : Nancy, Pont-à-Mousson.

DACRYMYCES

violaceus Fries Syst. Sur les troncs d'arbres : Nancy (Fonds de Toul).

stillatus Nées Syst. Com. sur le bois de sapin exposé à l'air.

Urticæ Fries Syst. Com. sur les tiges desséchées de l'*Urtica dioica*.

AGYRIUM

rufum Fries Syst. Sur le bois de sapin exposé à l'air : Nancy.

β. *pallens* Fries l. c. Sur le bois de saule : Nancy.

nigricans Fries Syst. Sur les rameaux desséchés du tilleul : Nancy.

Ord. VI — *SCLEROTIACEÆ*.

ACROSPERMUM

compressum Tode. Sur les tiges sèches des plantes herbacées : Nancy (Boudonville, Pompey).

conicum Pers. Rare ; sur les tiges sèches des plantes herbacées : Nancy (Fonds de Toul).

SCLEROTIUM

complanatum Tode. Sur les feuilles tombées à terre : Nancy.

semen Tode. Sur les feuilles et sur les

tiges sèches des plantes herbacées : Nancy.

β. *Brassicæ* Fries. Sur les tiges et les feuilles de *Brassica oleracea.*

muscorum Pers. Sur la racine du *Hypnum Schreberi :* Nancy (bois de Tomblaine).

varium Pers. Syn. Sur des carottes putréfiées : Nancy.

durum Pers. Syn. Com. sur les tiges sèches d'Ombellifères et de *Solanum tuberosum :* Nancy.

Brassicæ Pers. Syn. Sur les tiges putréfiées de *Brassica oleracea* : Nancy.

quercinum Pers. Syn. Sur les feuilles de chênes : Nancy.

betulinum Pers. Syn. Sur les feuilles de bouleau : Nancy.

populinum Pers. Syn. Sur les feuilles du *Populus tremula* : Nancy.

salicinum D. C. Sur les feuilles du *Salix Capræa* : Nancy.

herbarum Fries Syst. Sur les feuilles des plantes herbacées.

SPERMOEDIA

clavus Fries Syst. Sur la graine des Graminées et quelquefois des Cypéracées (*Scirpus palustris !*).

Class. II. — GASTEROMYCETES.

Ord. I. — *ANGIOGASTRES.*

PHALLUS

impudicus L. Rare ; bois : Nancy, Lunéville, Pont-à-Mousson.

NIDULARIA

striata Bull. Com. sur la terre dans les bois.

campanulata Sibth. Sur le bois mort dans les jardins : Nancy, Lunéville, Pont-à-Mousson.

crucibulum Hoffm. Sur le bois mort dans les bois : Nancy, Lunéville, Pont-à-Mousson.

PILOBOLUS

cristallinus Tode. Sur la bouse de vache: Nancy, Pont-à-Mousson.

Ord. II. — *PYRENOMYCETES.*

SPHÆRIA

militaris Ehrh. Rare ; dans les bois parmi les mousses : Pont-à-Mousson.

entomorrhiza Dicks. Très-rare ; sur les larves d'insectes : Nancy.

capitata Holmsk. Très-rare ; dans les bois sur le *Scleroderma cervinum* : Nancy.

digitata Ehrh. Sur le bois mort : Nancy, Pont-à-Mousson.

polymorpha Pers. Com. sur les troncs d'arbres pourris.

hypoxylon Ehrh. Com. sur les troncs d'arbres pourris.

punctata Sowerb. Sur le fumier de cheval : Nancy, Pont-à-Mousson.

fragiformis Pers. Syn. Sur l'écorce du hêtre : Nancy, Lunéville.

fusca Pers. Ann. bot. Com. sur les rameaux secs du coudrier.

cohærens Pers. Syn. Sur le bois desséché du hêtre : Nancy.

serpens Pers. Syn. Com. sur le bois mort.

deusta Hoffm. Com. sur les vieux troncs de hêtre.

nummularia D. C. Com. sur le bois mort.

bullata Ehrh. Sur les branches mortes des saules : Nancy.

undulata Pers. Syn. Sur les branches mortes du coudrier : Nancy.

stigma Hoffm. Très-com. sur les branches mortes du *Cratægus oxyacantha*.

β. decorticata Fries. Sur les hêtres, les chênes.

disciformis Hoffm. Sur les rameaux desséchés du hêtre : Nancy, Lunéville, Pont-à-Mousson.

verrucæformis Ehrh. Sur les rameaux desséchés de plusieurs arbres : Nancy.

flavovirens Hoffm. Com. sur le bois mort.

scabrosa D. C. Sur les branches mortes du chêne : Nancy.

β. podoides Fries. Sur les branches mortes du chêne : Nancy.

quercina Pers. Disp. Sur les branches mortes du chêne : Nancy.

ferruginea Pers. Syn. Sur les troncs d'arbres pourris : Nancy.

ceratosperma Tode. Sur les tiges desséchées des rosiers : Nancy.

insitiva Tode. Sur les tiges de vigne : Nancy.

spiculosa Pers. Syn. Sur les branches mortes du saule : Nancy.

lata Pers. Syn. Sur les tiges sèches du *Lonicera Xylosteum* : Nancy.

Viticola Schwein. Sur les sarments de vigne : Nancy.

fimeti Pers. Syn. Sur le fumier de vache : Nancy.

Prunastri Pers. Syn. Sur les tiges desséchées du *Prunus spinosa* : Nancy.

anomia Fries Syst. Com. sur les rameaux desséchés du *Robinia pseudo-acacia*.

Carpini Pers. Syn. Sur les rameaux desséchés du charme : Nancy.

nivea Hoffm. Sur l'écorce du *Populus tremula* : Nancy, Lunéville.

profusa Fries. Sur les branches desséchées du *Robinia pseudo-acacia* : Nancy.

decorticans Fries. Sur les branches desséchées du hêtre : Nancy.

turgida Fries Syst. Sur les branches desséchées du hêtre : Nancy, Lunéville.

Vitis Schwein. Sur les sarments de vigne : Nancy.

ambiens Pers. Syn. Sur les tiges desséchées du *Cratægus oxyacantha* : Nancy.

pulchella Pers. Syn. Sous l'écorce du cerisier : Nancy.

cinnabarina Tode. Sur les branches mortes des arbres : Nancy.

coccinea Pers. Syn. Sur les branches mortes des arbres : Nancy.

Ribis Tode. Sur les tiges mortes du *Ribes rubrum*.

Laburni Pers. Syn. Com. sur les branches mortes du *Robinia pseudo-acacia*.

Berberidis Pers. Syn. Com. sur les tiges mortes de *Berberis*.

pulicaris Fries. Com. sur les rameaux morts du *Sambucus nigra*.

melogramma Pers. Syn. Com. sur les rameaux du hêtre.

elongata Fries Obs. Sur les rameaux morts du *Robinia pseudo-acacia* : Nancy.

Dothidea Mougeot. Sur les branches de frêne : Nancy.

Spartii Nées. Sur les rameaux du *Spartium scoparium* : Nancy.

rimosa Fries. Sur les gaînes desséchées de l'*Arundo Phragmites* : Nancy (étang de Champigneules).

Junci Fries. Sur les tiges desséchées des joncs : Nancy.

nebulosa Pers. Syn. Sur les tiges desséchées d'Ombellifères : Nancy.

Graminis Fries. Sur les feuilles de Graminées : Nancy.

fimbriata Pers. Obs. Com. sur les feuilles du charme.

Coryli Batsch. Sur les feuilles du coudrier : Nancy.

aquila Fries. Sur le bois mort : Nancy (Fonds de Toul).

hirsuta Fries. Sur le bois mort : Nancy.

β. *acinosa* Fries. Sur le bois mort : Nancy.

pilosa Pers. Syn. Sur le bois mort : Nancy.

Peziza Tode. Sur l'écorce des arbres : Nancy.

obducens Schum. Sur le bois mort : Nancy.

moriformis Tode. Sur le bois mort : Nancy (Fonds de Toul).

Pulvis-pyrius Pers. Syn. Com. sur les troncs d'arbres.

pertusa Pers. Syn. Sur le bois mort : Nancy.

barbara Fries Syst. Sur les tiges desséchées de ronces : Nancy.

excipuliformis Fries Obs. Sur les écorces d'arbres : Nancy.

macrostoma Tode. Sur les écorces d'arbres : Nancy.

eutypa Fries. Sur les branches d'*Acer Pseudoplatanus* : Nancy (Fonds de Toul).

Tiliæ Pers. Syn. Sur les rameaux desséchés du tilleul : Nancy.

Xylostei Pers. Disp. Sur les tiges mortes du *Lonicera Xylosteum* : Nancy.

olerum Fries El. Sur les tiges pourries du *Brassica oleracea* : Nancy.

macularis Fries Obs. Sur les feuilles desséchées du *Populus tremula* : Nancy.

tubercularia D. C. Com. sur les rameaux desséchés.

Dematium Pers. Syn. Com. sur les tiges desséchées des plantes herbacées.

acuta Hoffm. Com. sur les tiges desséchées de l'*Urtica dioica* et du *Solanum tuberosum*.

complanata Tode. Com. sur les tiges desséchées des plantes herbacées.

coniformis Fries. Sur les tiges desséchées d'*Urtica dioica* : Nancy.

Doliolum Pers. Syn. Com. sur les tiges desséchées des plantes herbacées.

Arundinis Fries. Sur les tiges desséchées de l'*Arundo Phragmites* : Nancy.

herbarum Pers. Syn. Com. sur les plantes herbacées desséchées.

Patella Fries Syst. Com. sur les tiges desséchées des plantes herbacées.

melanostyla D. C. Sur les feuilles desséchées du tilleul : Nancy.

Gnomon Tode. Sur les feuilles desséchées du coudrier : Nancy.

Hederæ Sowerb. Sur les feuilles du lierre : Nancy.

carpinea Fries Syst. Sur les feuilles desséchées du charme : Nancy.

maculæformis Pers. Syn. Com. sur les feuilles d'arbres tombées à terre.

punctiformis Pers. Syn. Com. sur les feuilles desséchées du chêne.

Ægopodii Pers. Obs. Sur les feuilles languissantes de l'*Ægopodium Podagraria* : Nancy.

œdema Fries in Mougeot : Nancy.

Miribelii Mougeot. Sur les feuilles du buis : Nancy.

Sphæria (*Depazea*)

Buxicola D. C. Sur les feuilles du buis : Nancy.

Hederæcola D. C. Com. sur les feuilles du lierre.

Fagicola Fries Syst. Sur les feuilles du hêtre : Nancy.

tremulæcola Fries Syst. Com. sur les feuilles du *Populus tremula*.

frondicola Fries Syst. Sur les feuilles du *Populus tremula* : Nancy.

Juglandicola Fries El. Sur les feuilles du noyer : Nancy.

Cornicola D. C. Sur les feuilles du *Cornus sanguinea* : Nancy.

vincetoxici Fries El. Com. sur les feuilles du *Cynanchum vincetoxicum*.

cruenta D. C. Sur les feuilles du *Convallaria multiflora* : Nancy.

vagans Fries Syst. Sur les feuilles de différentes plantes herbacées : Nancy.

crispans Pers. Sur les feuilles du *Convallaria bifolia* : Nancy.

Rubi Duby. Com. sur les feuilles de ronce.

Hepaticæcola Duby. Sur les feuilles de l'*Hepatica triloba* : Nancy.

Cytispora

chrysosperma Pers. Syn. Sur l'écorce du peuplier : Nancy.

Septoria

Ulmi Fries El. Sur les feuilles de l'orme : Nancy.

Phoma

saligna Fries Syst. Sur les feuilles desséchées des saules : Nancy.

Hederæ Desmaz. Sur les tiges du lierre : Nancy.

samarum Desmaz. Sur les feuilles du frêne : Nancy.

Dothidea

Ribesia Fries Syst. Sur les tiges du *Ribes Grossularia* : Nancy.

genistalis Fries Syst. Sur les tiges du *Genista sagittalis* : Nancy.

typhina Fries Syst. Sur les tiges de Graminées vivantes : Nancy, Lunéville.

rubra Fries Syst. Com. sur les feuilles de prunier.

fulva Fries Syst. Sur les feuilles du *Prunus Padus*.

Ulmi Fries Syst. Sur les feuilles d'orme : Nancy.

Heraclei Fries Syst. Sur les feuilles d'*Heracleum Sphondylium* : Nancy.

Robertiani Fries Syst. Com. sur les feuilles du *Geranium Robertianum*.

Ulmaria Fries in Mougeot. Sur les tiges du *Spiræa Ulmaria* : Nancy.

Epilobii Fries Syst. Sur les tiges d'*Epilobium :* Nancy.

Himantia Fries Syst. Sur les tiges desséchées d'Ombellifères : Nancy.

reticulata Fries Syst. Sur les feuilles desséchées du *Convallaria Polygonatum :* Nancy.

Asteroma Fries Syst.

Anemones Fries Syst. Sur les feuilles et les pétales de l'*Anemone nemorosa*: Nancy.

Hederæ Mougeot. Sur les feuilles vivantes du lierre : Nancy.

RHYTISMA

salicinum Fries Syst. Com. sur les feuilles du *Salix Capræa.*

β. *minus* Fries l. c. Sur les feuilles du *Salix Capræa.*

acerinum Pers. Syn. Com. sur les feuilles des érables.

punctatum Fries Syst. Sur les feuilles d'*Acer Pseudo-platanus.*

PHACIDIUM

coronatum Fries Obs. Com. sur les feuilles desséchées du chêne, du hêtre.

dentatum Schmidt. Com. sur les feuilles desséchées du chêne.

HYSTERIUM

pulicare Pers. Syn. Com. sur l'écorce des chênes vivants : Nancy.

elongatum Fries Syst.! Com. sur les échalas dans les vignes : Nancy.

emergens Fries El. Sur le bois de peuplier : Nancy.

elatinum Pers. Syn. Sur l'écorce des chênes : Nancy.

Fraxini Pers. Syn. Sur l'écorce du frêne : Nancy.

conigenum Fries Syst. Sur les cônes du *Pinus sylvestris.*

Rubi Pers. Obs. Sur les tiges desséchées des ronces : Nancy.

commune Fries Syst. Sur les tiges desséchées des plantes herbacées : Nancy.

arundinaceum Fries Syst. Sur les tiges sèches de l'*Arundo Phragmites* : Nancy.

culmigenum Fries Syst. Sur les tiges sèches de Graminées : Nancy.

foliicolum Fries Syst. Sur les feuilles sèches des arbres : Nancy.

petiolare Fries. Sur les pétioles des feuilles de chêne : Nancy.

ACTINONEMA

Cratægi Pers. Myc. Com. sur les feuilles vivantes du *Cratægus torminalis.*

Ord. III. — *TRICHOSPERMI.*

GEASTER

hygrometricus Pers. Syn. Rare ; bois sablonneux : Lunéville (forêt de Mondon), Pont-à-Mousson.

BOVISTA

plumbea Pers. Obs. Prés : Nancy, Pont-à-Mousson, Sarrebourg.

uteriformis Fries Syst. Prés montagneux : Nancy (au-dessus de Boudonville et de Houdemont).

LYCOPERDON

giganteum Batsch. Vergers: Nancy, Pont-à-Mousson.

cælatum Bull. Collines herbeuses : Nancy.

pusillum Fries. Bruyères : Pont-à-Mousson.

gemmatum Batsch. Bois.

α. *excipuliforme* Fries.
β. *perlatum* Fries.
γ. *papillatum* Fries.
candidum Pers. Syn. Bois : Nancy, Pont-à-Mousson.
pyriforme Rupp. Bois : Nancy.

TULOSTOMA

mammosum Fries Syst. Com. sur les coteaux du calc. jur.

SCLERODERMA

vulgare Fl. Dan. Rare ; bois montagneux : Nancy.
verrucosum Pers. Syn. Bois : Nancy (Tomblaine, Boudonville), Pont-à-Mousson.
Cepa Pers. Syn. Nancy (Montaigu).

LYCOGALA

epidendrum Fries Syst. Sur les troncs d'arbres pourris : Nancy, Pont-à-Mousson, Lunéville.

RETICULARIA

umbrina Fries Syst. Sur le tronc pourri des saules et des chênes : Nancy, Pont-à-Mousson.

ÆTHALIUM

septicum Fries Syst. Sur les vieux saules : Pont-à-Mousson.

SPUMARIA

alba D. C. Sur les Graminées vivantes : Nancy.

DIDERMA

floriforme Pers. Syn. Très-rare ; sur les mousses : Pont-à-Mousson.
vernicosum Pers. Obs. Très-rare ; sur les mousses : Nancy (Chavigny).
cyanescens Fries. Sur des arbustes vivants: Nancy (bois de Boudonville).

DIDYMIUM

cinereum Fries Syst. Sur l'écorce des arbres : Nancy, Pont-à-Mousson.

PHYSARUM

nutans Pers. Syn. Sur le bois pourri : Pont-à-Mousson.
striatum Fries Syst. Rare; sur l'écorce des arbres : Pont-à-Mousson.
leucophæum Fries Syst. Sur les troncs d'arbres couverts de mousses : Nancy (Fonds de Toul).
gracilentum Fries Syst. Rare ; sur le *Hypnum tamariscinum* : Nancy.
columbinum Pers. Obs. Sur les troncs d'arbres : Nancy (Fonds de Toul).
hyalinum Pers. Disp. Sur les troncs d'arbres : Nancy.

STEMONITIS

fusca Roth. Sur les troncs d'arbres pourris : Nancy.
ferruginea Ehrenb. Sur les troncs d'arbres pourris : Nancy, Pont-à-Mousson.
typhoides D. C. Sur le bois pourri : Nancy, Pont-à-Mousson.

ARCYRIA

punicea Pers. Syn. Sur les troncs d'arbres pourris : Nancy (Fonds de Toul).

TRICHIA

rubiformis Pers. Disp. Sur les troncs d'arbres pourris : Nancy (Fonds de Toul).
fallax Pers. Obs. Sur les troncs d'arbres pourris : Nancy, Pont-à-Mousson.
clavata Pers. Obs. Sur les troncs d'arbres pourris : Nancy, Pont-à-Mousson.
nigripes Pers. Syn. Sur les troncs d'arbres pourris : Pont-à-Mousson.
turbinata Wither. Sur les troncs d'arbres pourris : Nancy.

β. *olivacea* Fries.

chrysosperma D. C. Sur le bois mort : Toul, Pont-à-Mousson.

varia Pers. Obs. Sur les vieux troncs d'arbres : Nancy (Fonds de Toul).

ASTEROPHORA

agaricoides Fries. Très-rare ; sur l'*Agaricus piperatus* : Pont-à-Mousson.

ONYGENA

equina Pers. Obs. Très-rare ; sur des sabots de cheval : Nancy.

corvina Alb. et Schwein. Très-rare ; sur des excréments remplis de poils et de petits os : Nancy (bois de Boudonville).

Ord. IV. — *TRICHODERMACEÆ*.

TRICHODERMA

viride Pers. Syn. Sur les écorces d'arbres.

æruginosum Pers. Sur les écorces d'arbres.

Ord. V. — *PERISPORIACEÆ*.

ANTENNARIA

cellaris Fries Syst. Com. dans les caves, sur les tonneaux.

LASIOBOTRYS

Loniceræ Fries Syst. Sur les feuilles du *Lonicera Xylosteum*.

ERYSIPHE

pannosa Fries Syst. Sur les rameaux du rosier.

macularis Fries Syst. Sur les feuilles de l'*Humulus lupulus*.

clandestina Fries Syst. Sur les feuilles du *Cratægus oxyacantha*.

communis Fries Syst.

α. *Ranunculacearum*. Sur les feuilles d'*Aquilegia vulgaris*, et de *Ranunculus nemorosus*.

β. *Cruciferarum*. Sur les feuilles de l'*Alyssum calycinum* et des *Sisymbrium sophia et officinale*.

γ. *Hypericearum*. Sur les feuilles de l'*Hypericum hirsutum*.

δ. *Umbelliferarum*. Sur les feuilles de l'*Heracleum Sphondylium*, et de l'*Æthusa cynapium*.

ε. *Rubiacearum*. Sur les feuilles du *Galium aparine*.

ξ. *Carduacearum*. Sur les feuilles de l'*Arctium Lappa*.

η. *Chicoracearum*. Sur les feuilles du *Taraxacum Dens-leonis*.

θ. *Convolvulacearum*. Sur les feuilles du *Convolvulus sepium*.

ι. *Labiataram*. Sur les feuilles du *Galeopsis tetrahit* et du *Ballota nigra*.

κ. *Polygonorum*. Sur les feuilles du *Polygonum aviculare*.

penicillata Fries Syst. Sur les feuilles de *Berberis vulgaris*, de *Viburnum Lantana et Opulus*, de *Lonicera Caprifolium*, d'*Evonymus europæus*, d'*Alnus glutinosa*.

adunca Fries Syst. Sur les feuilles des *Populus*, *Salix*, *Prunus* et *Pyrus*.

guttata Fries Syst. Sur les feuilles du *Corylus Avellana*, du *Fraxinus excelsior* et du *Fagus sylvatica*.

PERISPORIUM

circinans Mougeot in Fries. Sur les feuilles du *Geranium rotundifolium*.

CHÆTOMIUM

elatum Kunze. Sur les tiges de Graminées putréfiées.

Illosporium

roseum Fries Syst. Sur les Lichens du genre *Parmelia*.

Class. iii. — Hyphomycetes.

Ceratium

hydnoides Alb. et Schwein. Com. sur le bois pourri.

Stilbum

villosum Mérat. Sur le fumier de mouton.

Ascophora

Mucedo Tode. Com. sur les corps putréfiés.

Pilobolus

crystallinus Tode. Sur le fumier de vache : Nancy, Pont-à-Mousson.

Mucor

ramosus Bull. Sur les champignons putréfiés.

Mucedo L. Sur le pain moisi.

clavatus Link. Sur les poires putréfiées.

Myxotrichum

molle Fries Syst. Sur les feuilles tombées à terre.

chartarum Kunz. Sur le papier putréfié.

Helminthosporium

Tiliæ Fries Syst. Sur les rameaux pourris du tilleul.

Eryngii Fries Syst. Sur les tiges desséchées d'*Eryngium*.

Polythrincium

Trifolii Kunz. Sur les feuilles de trèfle.

Cladosporium

epiphyllum Fries Syst. Sur les feuilles desséchées du peuplier.

herbarum Fries Syst. Sur les tiges et les feuilles desséchées des plantes herbacées.

Arthrinium

caricicola Kunz. Sur les feuilles du *Carex montana*.

Aspergillus

glaucus Link. Com. sur les corps putréfiés.

maximus Link. Sur les champignons putréfiés.

Botrytis

Fumago Fries Syst. Sur les feuilles de hêtre tombées à terre.

crustosa Fries Syst. Sur les feuilles mortes.

Monilia

digitata Pers. Syn. Sur les fruits putréfiés.

Sporotrichum

griseum Link. Sur les tiges des plantes herbacées.

calcigena Link. Sur les murs.

Trichothecium

roseum Link. Sur les tiges desséchées des plantes herbacées.

Fusisporium

griseum Link. Sur les feuilles desséchées du chêne.

Buxi Fries Syst. Sur les feuilles du buis.

Psilonia

gilva Fries Syst. Sur les tiges desséchées de l'*Urtica dioica*.

Class. iv. — Coniomycetes.

Tubercularia

vulgaris Tode. Com. surtout sur les groseillers.

granulata Pers. Syn. Sur les rameaux desséchés du *Robinia pseudo-acacia*.

minor Link. Sur les rameaux desséchés des érables.

Næmaspora

crocea Pers. Obs. Sur l'écorce desséchée du hêtre.

magna Grev. Sur les écorces d'arbres.

Stilbospora

ovata Pers. Obs. Sur les écorces d'arbres.

Didymosporium

elevatum Link. Sur l'écorce du bouleau.

Torula

antennata Pers. Myc. Sur le bois dénudé d'écorce.

herbarum Link. Sur les tiges putréfiées des plantes herbacées.

Fumago Cheval. Sur les feuilles sèches.

Triphragmium

Ulmariæ Link. Sur les feuilles du *Spiræa Ulmaria.*

Puccinia

Lychnidearum Link. Sur les feuilles des Caryophyllées.

Circeæ Pers. Disp. Sur les feuilles du *Circea lutetiana.*

Menthæ Pers. Syn. Sur les feuilles du *Mentha aquatica.*

Glechomæ D. C. Sur les feuilles du *Glechoma hederacea.*

Graminis Pers. Syn. Sur les feuilles des Graminées.

arundinacea Hedw. fil. Sur l'*Arundo Phragmites.*

Caricis D. C. Sur les feuilles des *Carex.*

Asparagi D. C. Sur l'*Asparagus officinalis.*

Polygoni-Convolvuli Hedw. fil. Sur les feuilles du *Polygonum Convolvulus.*

Polygonorum Link. Sur les feuilles du *Polygonum amphibium.*

Compositarum Schlecht. Sur les feuilles du *Centaurea cyanus.*

Umbelliferarum D. C. Sur les feuilles du *Siler aquilegifolium.*

Pruni D. C. Sur les feuilles du *Prunus spinosa.*

Anemones Pers. Obs. Sur les feuilles d'*Anemone nemorosa.*

Violæ D. C. Sur les feuilles de *Viola hirta.*

Uredo

candida Pers. Syn. Sur les feuilles et les tiges des Crucifères.

Portulacæ D. C. Sur le *Portulaca oleracea.*

linearis Pers. Syn. Sur les feuilles et les gaînes des Graminées.

Senecionis D. C. Sur les feuilles du *Senecio vulgaris.*

Tussilaginis Pers. Syn. Sur les feuilles du *Tussilago Farfara.*

Rosæ Pers. Syn. Sur les feuilles des rosiers.

pinguis D. C. Sur le *Spiræa Ulmaria.*

Ruborum D. C. Sur les feuilles de ronces.

Potentillarum D. C. Sur les feuilles d'*Alchemilla vulgaris.*

pustulata Pers. Syn. Sur les feuilles de différentes plantes.

punctata D. C. Sur les feuilles des Euphorbes.

Campanulæ Pers. Syn. Sur les feuilles du *Campanula trachelium.*

Hypericorum D. C. Sur les feuilles d'*Hypericum.*

Rhinanthacearum D. C. Sur les feuilles du *Melampyrum pratense.*

confluens D. C. Sur les feuilles du *Mercurialis perennis.*

gyrosa Rebent. Sur les feuilles du

Rubus Idœus.
œcidioides D. C. Sur les feuilles du *Populus alba.*
Salicis D. C. Sur les feuilles de saules.
Caprœarum D. C. Sur les feuilles du *Salix Caprea.*
Euphorbiœ Rebent. Sur les feuilles des Euphorbes.
Poterii Spreng. Sur les feuilles du *Poterium Sanguisorba.*
Lini D. C. Sur le *Linum usitatissimum.*
Galii D. C. Sur le *Galium sylvaticum.*
scutellata Pers. Syn. Sur les feuilles de l'*Euphorbia Cyparissias.*
Epilobii D. C. Sur les feuilles d'*Epilobium roseum* et *montanum.*
Cichoracearum D. C. Sur les feuilles du *Centaurea cyanus.*
Fabœ Pers. Disp. Sur les feuilles des Légumineuses.
appendiculata Pers. Syn. Sur les feuilles du *Vicia Faba.*
Rubigo-vera D. C. Sur les Graminées.
Polygonorum D. C. Sur les feuilles des *Polygonum.*
Betœ Pers. Syn. Sur les feuilles du *Beta vulgaris.*
Violarum D. C. Sur les feuilles du *Viola sylvestris.*
suaveolens Pers. Syn. Sur les feuilles du *Cirsium arvense.*
Labiatarum D. C. Sur les feuilles des Labiées.
Ficariœ Alb. et Schwein. Sur les feuilles du *Ficaria ranunculoides.*
utriculosa Duby. Sur les fleurs des *Polygonum.*
Carbo D. C. Sur les fleurs des Graminées.
Maydis D. C. Sur les ovaires du maïs.
caries D. C. Sur les ovaires du *Triticum sativum.*
urceolorum D. C. Sur les ovaires du *Carex glauca.*
receptaculorum D. C. Sur les capitules du *Tragopogon pratense.*

ÆCIDIUM

cancellatum Pers. Syn. Sur les feuilles du *Pyrus communis.*
cornutum Pers. Obs. Sur les feuilles du *Sorbus Aucuparia.*
Berberidis Gmel. Sur les feuilles du *Berberis vulgaris.*
Thalictri Grev. Sur les feuilles du *Thalictrum flavum.*
Ranunculacearum D. C. Sur les feuilles du *Ranunculus nemorosus.*
Bunii D. C. Sur les feuilles du *Bunium bulbocastanum.*
crassum Pers. Sur les feuilles du *Rhamnus frangula.*
irregulare D. C. Sur les feuilles du *Rhamnus catharticus.*
Leucanthemi D. C. Sur les feuilles du *Chrysanthemum Leucanthemum.*
Urticœ D. C. Sur les feuilles d'*Urtica dioica.*
Allii Pers. Syn. Sur les feuilles d'*Allium ursinum.*
Ari Desmaz. Sur les feuilles d'*Arum vulgare.*
Clematidis D. C. Sur les feuilles du *Clematis Vitalba.*
Asperifolii Pers. Syn. Sur les feuilles des Borraginées.
Geranii D. C. Sur les feuilles des *Geranium.*
Grossulariœ D. C. Sur les feuilles du *Ribes Grossularia* et *alpinum.*

rubellum D. C. Sur les feuilles des *Rumex.*

Tussilaginis Pers. Syn. Sur les feuilles du *Tussilago Farfara.*

Euphorbiarum D. C. Sur les feuilles des Euphorbes.

Xylostei D. C. Sur les feuilles du *Lonicera Xylosteum.*

Violarum D. C. Sur les feuilles du *Viola hirta.*

Falcariæ D. C. Sur les feuilles du *Buplevrum falcatum.*

Cichoracearum D. C. Sur les feuilles du *Tragopogon pratense.*

leucospermum D. C. Sur les feuilles de l'*Anemone nemorosa.*

punctatum Pers. Syn. Sur les feuilles de l'*Anemone ranunculoides.*

Valerianearum Duby. Sur les feuilles du *Valeriana dioica.*

Thesii Desv. Sur les feuilles du *Thesium alpinum.*

Appendix. — PHYLLERIACEÆ.

CRONARTIUM

Vincetoxici Fic. et Schub. Sur les feuilles du *Cynanchum Vincetoxicum.*

ERINEUM

Tiliaceum Pers. Obs. Sur les feuilles des tilleuls.

Juglandis D. C. Sur les feuilles du noyer.

Pyrinum Pers. Disp. Sur les feuilles des poiriers.

Acerinum Pers. Disp. Sur les feuilles de l'*Acer platanoides* et *pseudoplatanus.*

pseudoplatani Pers. Myc. Sur les feuilles de l'*Acer pseudoplatanus.*

Vitis D. C. Sur les feuilles de vigne.

Populinum Pers. Obs. Sur les feuilles de peuplier.

Alneum Pers. Syn. Sur les feuilles de l'*Alnus glutinosa.*

Fagineum Pers. Obs. Sur les feuilles de hêtre.

ALGUES.

ULVA.

intestinalis L. Marais salés à Vic, Dieuze, Moyenvic.

bullosa Roth. Ruisseaux : Lunéville.

lubrica Roth. Ruisseaux : Nancy (Tomblaine, Fonds de Toul).

NOSTOC

commune Vauch. Com. sur la terre après les pluies.

Mougeoti Breb. Lunéville.

RIVULARIA

dura Fl. Dan. Attaché aux plantes dans les marais : Nancy.

GAILLARDOTEA

natans Bory. Sur les pierres dans les ruisseaux : Nancy (Fonds de Toul), Lunéville (ruisseau du Rendez-vous).

CHÆTOPHORA

elegans Lyngb. Sur les pierres dans les ruisseaux : Nancy (Fonds de Toul), Lunéville.

endiviæfolia Ag. Avec le précédent, mais plus rare.

PALMELLA

hyalina Lyngb. A la surface des eaux : Lunéville.

VAUCHERIA

terrestris D. C. Sur la terre humide : Nancy.

cespitosa D. C. Au fond des ruisseaux : Nancy.

ZYGNEMA

deciminum Ag. Dans les eaux dormantes : Nancy.

nitidum Ag. Com. dans les fossés.

quininum Ag. Dans les eaux dormantes : Nancy, Lunéville.

elongatum Ag. dans les marais : Nancy.

decussatum Ag. Dans les marais : Nancy.

stellinum Ag. Dans les marais tourbeux : Nancy, Lunéville.

pectinatum Ag. Dans la Meurthe à Nancy.

MOUGEOTIA

genuflexa Ag. Dans les eaux dormantes : Lunéville.

BATRACOSPERMUM

moniliforme Roth. Ruisseaux : Nancy (Fonds de Toul, vallon de Bouxières).

DRAPARNALDIA

glomerata Ag. Ruisseaux : com. à Nancy et à Lunéville.

hypnosa Bory. Rare ; ruisseaux : Nancy (étang Saint-Jean).

dendroidea Lyngb. Rare ; marais : Lunéville (Chanteheux).

CONFERVA

pusilla Lyngb. Ruisseaux : Lunéville.

glomerata L. Com. ; ruisseaux, rivières : Nancy, Lunéville.

crispata Roth. Nancy, (la Meurthe à Malzéville), Lunéville.

fracta Dillw. Marais : Nancy, Lunéville.

capillaris L. Mares : Nancy (canal de la Marne au Rhin à Maxéville).

parasitica D.C. Parasite sur le *Conferva glomerata* : Nancy.

vesicata Ag. Marais : Lunéville.

floccosa D. C. Dans la Meurthe près de Nancy.

sordida Roth. Mares : Nancy.

muscicola Web. et Morh. Com. sur les mousses.

HYDRODYCTION

pentagonum Vauch. Dans les eaux dormantes : Lunéville.

LYNGBYA

muralis Ag. Com. au pied des murs et au pied des arbres.

MYCODERMA

vini Vallot. Sur les fentes des tonneaux.

DIATOMA

vulgare Bory. Dans les fontaines : Nancy (fontaine de la Place Royale).

ANABAINA

membranina Bory. Dans les eaux stagnante : Lunéville.

MICROCOLEUS

terrestris Desmaz. Sur la terre humide : Nancy (route de Toul).

OCILLARIA

Adansonii Bory. Com. dans les marais.

anguina Bory. Rare ; sur les pierres dans les ruisseaux : Nancy.

nigrescens Bory. Dans les ruiss. : Nancy.

princeps Vauch. Dans les ruiss. : Nancy.

papyrina Bory. Sur les pierres autour des fontaines : Nancy.

urbica Bory. Au pied des murs humides.

La Statistique d'où ce Catalogue est extrait, contient aussi tout ce qui a rapport à l'Histoire naturelle (Géologie, Botanique et Zoologie).

www.ingramcontent.com/pod-product-compliance
Ingram Content Group UK Ltd.
Pitfield, Milton Keynes, MK11 3LW, UK
UKHW020952220726
13924UKWH00002B/646